Duden

3. Klasse

Mathematik

WISSEN » ÜBEN » TESTEN

3., aktualisierte Auflage

Dudenverlag
Berlin

Quellenverzeichnis

Einfach klasse in Mathematik 2. Klasse,
Bibliographisches Institut GmbH,
Berlin: S. 92 (Uhren), S. 100 (Würfel), S. 111
(Metermaß, Uhr)

Einfach klasse in Mathematik 4. Klasse,
Bibliographisches Institut GmbH,
Berlin: S. 48, 49, 50, 59, 112 (geometrische Körper),
S. 48 (Quader), S. 50 (Würfel- und Quadernetz)

Basiswissen Grundschule Mathematik,
Bibliographisches Institut GmbH,
Berlin: S. 111 (Lineal, Zollstock, Gewicht)

MEV Verlag, Augsburg: S. 111 (Münzen)

Bibliografische Information der Deutschen Nationalbibliothek
Die Deutsche Nationalbibliothek verzeichnet diese Publikation in der Deutschen Nationalbibliografie; detaillierte bibliografische Daten sind im Internet über http://dnb.d-nb.de abrufbar.

Bibliographisches Institut GmbH
Mecklenburgische Straße 53, 14197 Berlin

Redaktionelle Leitung: Constanze Schöder
Redaktion: Daniela Brunner
Autorinnen: Ute Müller-Wolfangel, Beate Schreiber und Silke Heilig

Herstellerische Leitung: Ursula Fürst
Layout und Herstellung: Petra Bachmann, Weinheim
Illustration: Barbara Scholz, Patrick und Frauke Wirbeleit
Umschlaggestaltung: Büroecco, Augsburg
Fotografie: Marcus Lechner
Satz: tiff.any GmbH, Berlin
Druck und Bindung: Firmengruppe APPL, Senefelderstraße 3–11, 86650 Wemding
Printed in Germany

ISBN 978-3-411-72703-7

Auch als E-Book erhältlich unter:
ISBN 978-3-411-91138-1
www.duden.de

Jetzt gehts los!

In diesem Buch findest du die wichtigsten Inhalte des Mathematikunterrichts in der 3. Klasse. Es ist in fünf große Kapitel aufgeteilt. Du erkennst sie an den kleinen Bildern in der Kopfzeile:

 Zahlen und Grundrechenarten

 Raum und Form

 Muster und Strukturen

 Größen und Messen

 Daten und Sachsituationen

Die Kinder auf diesen kleinen Bildern begleiten dich durch den ganzen Band. Sie zeigen dir, dass es beim Lernen nicht viel anders zugeht als im Sport. Wer eine Sportart richtig gut beherrschen will, muss die wichtigsten Techniken und Spielregeln kennen und dann viel üben und trainieren. Schnell wirst du merken, dass du Fortschritte machst und dir immer mehr gelingt.

Wissen
Üben
Testen

Wenn du alle Übungen einer Doppelseite gelöst und mit dem **Lösungsheft** überprüft hast, kannst du das **Daumenkino**-Bild am rechten Seitenrand ausmalen. So behältst du immer den Überblick darüber, welche Seiten du schon bearbeitet hast.

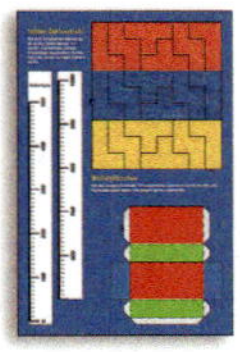

Beim erfolgreichen Training unterstützen dich das **Lernwerkzeug** auf der hinteren Ausklappseite und die Liste der wichtigsten **Fachbegriffe,** die du im Anhang findest.

Außerdem findest du das wichtigste Regelwissen zum Wiederholen und schnellen Nachlesen als **Leporello** für die Hosentasche.

Inhaltsverzeichnis

Inhaltsverzeichnis

Arbeitstipps

Der Arbeitsplatz

- Suche dir einen ruhigen Arbeitsplatz.
- Achte auf gutes Licht und frische Luft.
- Stelle dir etwas zu trinken bereit.
- Sorge für einen aufgeräumten Arbeitsplatz.
- Lege deine Arbeitsmaterialien bereit.

Die Arbeitsweise

- Finde deine beste Übungszeit heraus.
- Übe regelmäßig.
- Suche dir aus, was du üben willst.
- Teile dir den Übungsstoff gut ein: nicht zu viel und nicht zu wenig.
- Gehe gut gelaunt ans Üben.
- Arbeite konzentriert.
- Vergiss die Pausen nicht.
- Überprüfe deine Ergebnisse.
- Freue dich über deinen Erfolg.
- Zeige anderen, was du geleistet hast.

Zahlen und Grundrechenarten

- auf einen Papier- oder Pappstreifen einen Zahlenstrahl aufmalen
- Fachbegriffe lernen
- das kleine Einmaleins auf Schnelligkeit trainieren
- mit drei Würfeln dreistellige Zahlen bilden und der Größe nach vergleichen
- sich dreistellige Zahlen diktieren lassen

Raum und Form

- Formen in der Umwelt suchen und abmalen oder fotografieren
- eine Streichholzschachtel mit sechs verschiedenen Farben anmalen und als Netz auseinanderschneiden und abmalen
- symmetrische Figuren in der Umwelt entdecken
- ein Mandala aus Naturmaterialien legen
- mit Bauklötzen bauen und den Bauplan aufschreiben

Muster und Strukturen

- Muster erfinden und auf kariertes Papier zeichnen
- Muster in Tapetenbüchern aufspüren
- Muster abzeichnen (z. B. Fliesenmuster)
- eine Geheimsprache mit Zahlen erfinden
- Sudokus lösen

Größen und Messen

- mit dem Metermaß Gegenstände abmessen und aufschreiben
- Gewichte von Gegenständen schätzen und abwiegen
- Größe und Körpergewicht der Familienmitglieder feststellen und aufschreiben
- Zeitdauer schätzen (z. B. 1 Minute auf einem Bein stehen)

Daten und Sachsituationen

- Strichlisten führen: Autos zählen (nach Farbe, Automarke, Kennzeichen ...), Bücher zählen (nach Größe, Farbe, Inhalt ...)
- die Hausaufgabenzeiten eine Woche lang notieren und in einem Diagramm darstellen
- eine Woche lang die Zeiten für die Hobbys aufschreiben und in einem Diagramm darstellen

Zahlen aufschreiben und ordnen

Wissen und Verstehen

Unser Zahlensystem ist ein **Zehnersystem.**

Im Zahlenraum bis 1 000 werden
10 Einer zu einem Zehner,
10 Zehner zu einem Hunderter und
10 Hunderter zu einem Tausender gebündelt.

Zahlen können in **Zahlbildern** dargestellt werden.
Die Zahl 137 besteht aus 1 Hunderter und 3 Zehnern und 7 Einern.
Die Zahl 371 besteht aus 3 Hundertern und 7 Zehnern und 1 Einer.
Die Zahl 713 besteht aus 7 Hundertern und 1 Zehner und 3 Einern.

Zahlen können in eine **Stellenwerttafel** eingetragen werden. Du kannst sie dann ganz schnell miteinander vergleichen und ordnen.

Hunderter (H)	Zehner (Z)	Einer (E)
2	8	9

Hunderter (H)	Zehner (Z)	Einer (E)
8	2	9

289 < 829 oder 829 > 289

Du kannst auch **Vorgänger** und **Nachfolger** von Zahlen bestimmen:
Der Vorgänger von 289 ist 288, der Nachfolger von 289 ist 290.

Üben

1 Schreibe die in Zahlbildern dargestellten Zahlen in die Stellenwerttafel.

H	Z	E

H	Z	E

H	Z	E

H	Z	E

Üben 2 Zeichne die Zahlbilder zu den Zahlen.

H	Z	E
2	4	6

H	Z	E
4	0	7

H	Z	E
5	5	0

H	Z	E
6	2	4

Üben 3 Ergänze die fehlenden Angaben.

Zahlwort	Zahl
siebenhundertsechzehn	716
achthundertneunzig	
	560
neunhundertneun	
	151
dreihundertsiebenundvierzig	
	1 000
vierhundertvierundzwanzig	

Üben 4 Setze <, > oder = ein.

345 ◯ 453 508 ◯ 580

344 ◯ 344 888 ◯ 808

die Hälfte von 300 ◯ das Doppelte von 60

3 · 8 + 24 ◯ 6 · 7 + 6 39 : 3 – 3 ◯ 48 : 8 + 3

der Vorgänger von 700 ◯ der Nachfolger von 699

siebenhundertdreiundsiebzig ◯ siebenhundertsiebenunddreißig

Zahlen aufschreiben und ordnen

Üben 5 Fülle die Lücken aus.

Vorgänger	Zahl	Nachfolger
	420	

Vorgänger	Zahl	Nachfolger
		801

Vorgänger	Zahl	Nachfolger
599		

Vorgänger	Zahl	Nachfolger
	299	

Üben 6 Schreibe alle Zahlen zwischen 117 und 126 und 694 und 704 auf.

Üben 7 Löse die Zahlenrätsel.

Lösungen: ....

Wissen und Verstehen

Auf einem **Zahlenstrahl** sind die Zahlen hintereinander der Größe nach angeordnet.

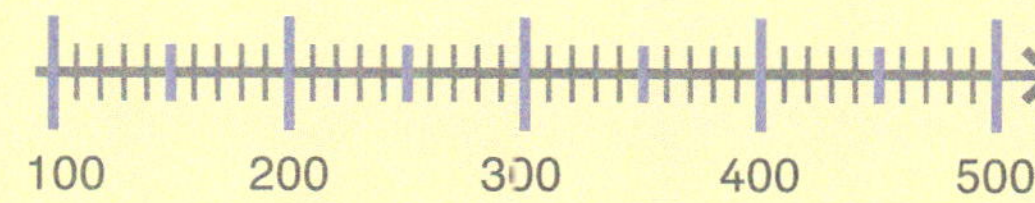

Zahlen können auch an einem **Zahlenstrich** dargestellt werden.

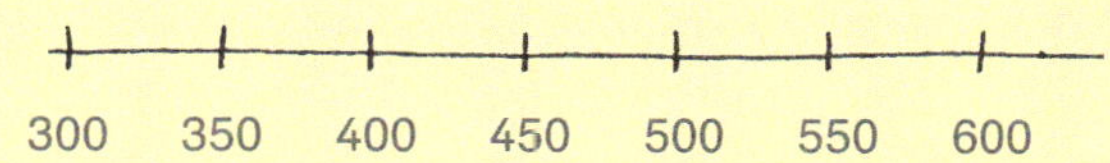

Üben 1

Lies die Zahlen ab und schreibe sie auf.

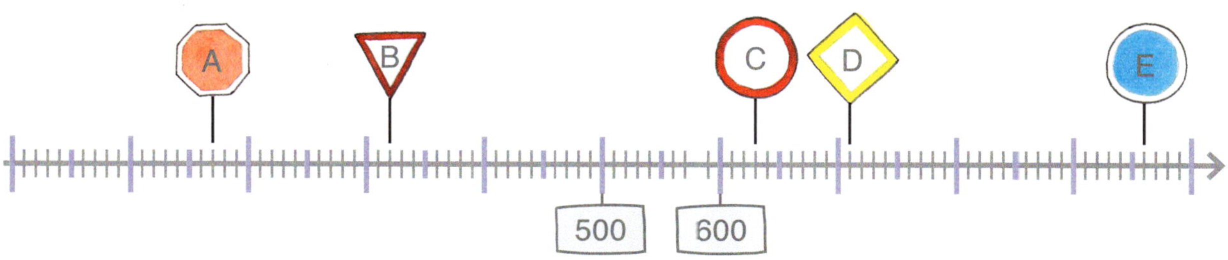

A = ... B = ... C = ... D = ... E = ...

Üben 2

Wo ungefähr liegen die Zahlen auf dem Zahlenstrich? Verbinde.

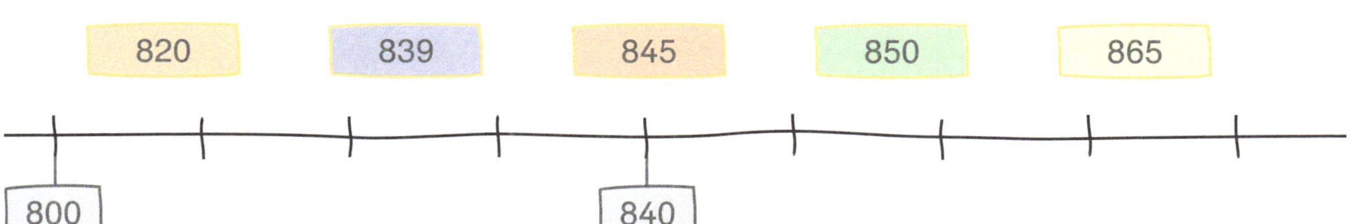

Zahlen mit Plättchen legen

Extrarunde

Hier ist die Zahl 352 mit Plättchen in einer Stellenwerttafel dargestellt:

H	Z	E
●●●	●●●●●	●●

Wie heißt die Zahl, wenn an der Hunderterstelle zwei Plättchen weggenommen werden und an der Zehnerstelle fünf Plättchen dazukommen?

Was ist, wenn du alle Plättchen der Zahl 352 in die Hunderterstelle schiebst?

Runden üben

Wissen und Verstehen

Manchmal ist es vorteilhaft, Zahlen zu runden.

So rundest du eine Zahl auf die Zehnerstelle:
Ist die Einerstelle unter 5, dann **rundest** du **ab:** 36**1**, 36**2**, 36**3**, 36**4** ≈ 360
Ab 5 **rundest** du **auf:** 36**5**, 36**6**, 36**7**, 36**8**, 36**9** ≈ 370

So rundest du eine Zahl auf die Hunderterstelle:
Ist die Zehnerstelle unter 50, dann **rundest** du **ab:** 349 ≈ 300
Ab 50 **rundest** du **auf:** 356 ≈ 400

Dieses Zeichen ≈ sprichst du: **gerundet.** Die Sprechweise lautet:
Dreihundertsechsundfünfzig ist gerundet vierhundert.

Wenn eine Zahl mit einer Maßeinheit gerundet wird, dann sprichst du dieses Zeichen ≈ nicht mehr gerundet, sondern **ungefähr:**
5,82 € ≈ 6,00 € Sprechweise: Fünf Euro zweiundachtzig sind ungefähr sechs Euro.

Üben 1 Runde zum Zehner.

261 ≈ 260
777 ≈ ....
45 ≈ ....
196 ≈ ....
673 ≈ ....
355 ≈ ....
994 ≈ ....
402 ≈ ....

Üben 2 Runde zum Hunderter.

330 ≈ 300
151 ≈ ....
849 ≈ ....
685 ≈ ....
460 ≈ ....
78 ≈ ....
545 ≈ ....
772 ≈ ....

Üben 3 In der Tabelle steht, wie viele Besucher innerhalb einer Woche im Kino waren. Runde die Zahlen zum Zehner und zum Hunderter.

Besucher im Kino innerhalb einer Woche	Gerundete Zahl (Zehner)	Gerundete Zahl (Hunderter)
434 am Montag	430	400
358 am Dienstag		
567 am Mittwoch		
322 am Donnerstag		
679 am Freitag		
801 am Samstag		
896 am Sonntag		

Üben 4 Im beliebtesten Film waren am Samstag ungefähr 550 Zuschauer. Wie viele Zuschauer könnten es gewesen sein, wenn die Zahl zum Zehner gerundet wurde?

Mögliche Zahlen: ....

Üben 5 Trage die fehlenden Zahlen ein.

Gerundet zum Zehner

4___6 ≈ 450 9___3 ≈ 920 5___5 ≈ 510

8___1 ≈ 890 3___9 ≈ 330 1___2 ≈ 100

Gerundet zum Hunderter

___74 ≈ 400 ___08 ≈ 100 ___55 ≈ 1 000

___49 ≈ 500 ___66 ≈ 700 ___28 ≈ 900

Überschlagsrechnungen aufschreiben

Wissen und Verstehen

Beim **Überschlagen** von Aufgaben rechnest du mit gerundeten Zahlen.

454 + 219 = **?**
gerundet auf die Zehnerstelle: 450 + 220 = 670,
gerundet auf die Hunderterstelle: 500 + 200 = 700.

Schneller und sicherer gelingt dir die Überschlagsrechnung, wenn du auf die Hunderterstelle rundest. Das Ergebnis der Überschlagsrechnung ist dann in der Regel aber auch ungenauer.

Üben

1 Überschlage die Aufgaben.

Aufgaben	Gerundet auf die Zehnerstelle	Gerundet auf die Hunderterstelle
731 + 123	730 + 120	700 + 100
309 + 641		
174 + 530		
356 + 362		
551 + 437		
298 + 485		
413 + 209		
68 + 141		
675 + 254		
801 + 168		
295 + 97		

Üben 2

Immer drei Kärtchen gehören zusammen. Male das Aufgabenkärtchen und die dazu passenden Überschlagsrechnungen mit gleicher Farbe an. Achtung: Ein Kärtchen bleibt übrig.

742 + 171 | 310 + 360 | 740 + 170 | 900 + 100

700 + 200 | 480 + 130 | 309 + 356

884 + 68 | 880 + 70 | 800 + 200

478 + 125 | 300 + 400 | 500 + 100

Üben 3

In der Liste findest du die Besucherzahlen aus dem Kino. Für welche Tage wurden die Besucherzahlen addiert, wenn nach dem Runden auf die Hunderterstelle das Ergebnis der Überschlagsrechnung 1 000 ist?

434 Besucher am Montag
358 Besucher am Dienstag
567 Besucher am Mittwoch
322 Besucher am Donnerstag
679 Besucher am Freitag
801 Besucher am Samstag
896 Besucher am Sonntag

Antwort: ....

Halbschriftlich addieren

Wissen und Verstehen

Hunderterzahlen kannst du ganz leicht in **mehreren Schritten addieren.**

526 + 357 = **?**

Lösungsweg 1:

526 + 357 = [883]	
500 + 300 = 800	Du addierst die Hunderter,
20 + 50 = 70	die Zehner,
6 + 7 = 13	die Einer.
800 + 70 + 13 = **883**	

Lösungsweg 2:

526 + 357 = [883]	Du addierst zur ersten Zahl den Hunderter der zweiten Zahl,
526 + 300 = 826	
826 + 50 = 876	zum Zwischenergebnis den Zehner der zweiten Zahl,
876 + 7 = **883**	zum Zwischenergebnis den Einer der zweiten Zahl.

Lösungsweg 3:

Du löst die Aufgabe am Rechenstrich.

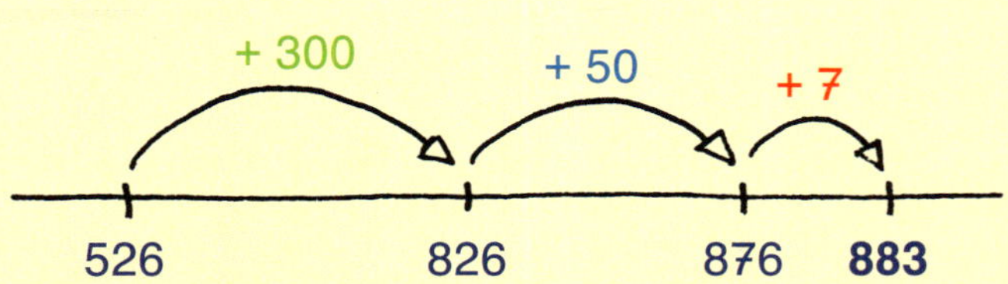

Üben

1 Addiere in mehreren Schritten.

742 + 213 =
742 + 200 =
+ 10 =
+ 3 =

670 + 329 =

368 + 453 =

519 + 168 =

Üben 2 Ergänze die Rechenmauern.

Üben 3 Bilde Plusaufgaben. Überschlage zuerst im Kopf und rechne dann.

74 + 607 = 681

Üben 4 Viele Besucher wollen im Zoo die kleinen Tigerbabys anschauen.
Am Freitag kommen 305, am Samstag 299 und am Sonntag 357 Neugierige.
Wie viele Besucher kamen an den drei Tagen insgesamt zu den Tigern?

Rechnung:

Antwort: ....

Halbschriftlich subtrahieren

Wissen und Verstehen

Hunderterzahlen kannst du ganz leicht in **mehreren Schritten** voneinander **subtrahieren.**

956 – 573 = **?**

Lösungsweg 1:

956 – 573 = 383

956 – 500 = 456	Du subtrahierst den Hunderter der zweiten Zahl,
456 – 70 = 386	vom Zwischenergebnis den Zehner der zweiten Zahl,
386 – 3 = **383**	vom Zwischenergebnis den Einer der zweiten Zahl.

Lösungsweg 2:

956 – 573 = 383

956 – 3 = 953	Du subtrahierst den Einer der zweiten Zahl,
953 – 70 = 883	vom Zwischenergebnis den Zehner,
883 – 500 = **383**	vom Zwischenergebnis den Hunderter.

Lösungsweg 3:

Du löst die Aufgabe am Rechenstrich.

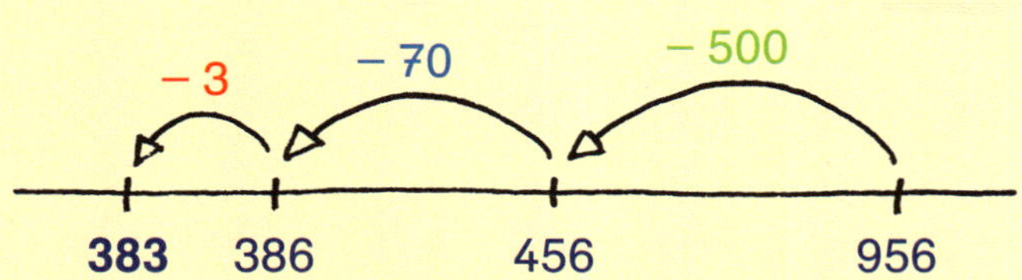

Üben

1 Löse die Aufgaben in Teilschritten am Rechenstrich.

570 – 480 = ...

654 – 316 = ...

Üben 2 Ergänze die fehlenden Zahlen.

–	95	117		
685			447	
731				
886				339
951				

Üben 3 Löse die Rechenrätsel.

Wenn du vom Doppelten von 238 die Hälfte von 832 subtrahierst, erhältst du meine Zahl.

Subtrahiere den Nachfolger von 488 von der größten Zahl, die du aus den Ziffern 5, 7, 8 bilden kannst.

Bilde die Summe aus den Zahlen 312 und 409 und subtrahiere davon den Vorgänger von 400.

Lösung: ....

Üben 4 988 Zuschauer besuchten eine Zirkusvorstellung. Genau die Hälfte davon waren Kinder. Auch 208 Männer waren in der Vorstellung. Wie viele Frauen waren dort?

Rechnung:

Antwort: ....

Schriftlich addieren ohne Übertrag

Wissen und Verstehen

Beim **schriftlichen Addieren** ist es ganz wichtig, dass du die Zahlen stellengerecht untereinanderschreibst.

452 + 346 = **?**

H	Z	E
□□□□	❘❘❘❘❘	■■
□□□	❘❘❘❘	■■■■■ ■
□□□□□ □□	❘❘❘❘❘ ❘❘❘❘	■■■■■ ■■■

	H	Z	E
	4	5	2
+	3	4	6
	7	9	8

Schriftliches Addieren beginnt bei der unteren Zahl. Zuerst addierst du alle Einer, dann die Zehner und zum Schluss die Hunderter.

Aufgepasst, du rechnest: 1. von unten nach oben, 2. von rechts nach links.

452
+ 346

Du kannst auch drei Zahlen addieren. Dabei gehst du genauso vor:
Zuerst addierst du alle Einer, dann die Zehner und zum Schluss die Hunderter.

Üben

1 Addiere schriftlich.

	6	2	3
+	1	3	1

	4	3	6
+	2	6	2

	7	4	5
+	1	5	4

	3	0	9
+		7	0

	8	7	2
+	1	0	7

	5	5	6
+	3	2	2

		2	5
		3	1
+	9	1	2

	9	6	4
		2	2
+		1	3

	6	5	4
	1	1	1
+	2	2	4

Üben 2 Schreibe alle Zahlen aus jeder Schublade stellengerecht untereinander und addiere sie.

Üben 3 In einigen Aufgaben sind Rechenfehler. Die Buchstaben der richtig gelösten Aufgaben ergeben, in der richtigen Reihenfolge, ein Lösungswort.

L	A	E	W	S
27	252	451	514	334
21	405	201	42	113
+ 630	+ 122	+ 317	+ 321	+ 442
678	779	898	877	787

Lösungswort: ....

Üben 4 Emilia hat 405 Briefmarken gesammelt. Zum Geburtstag bekommt sie von ihrer Tante weitere 61 und von Freunden 122. Ihre Freundin hat schon 820 Briefmarken. Emilia möchte gerne genauso viele haben. Wie viele fehlen ihr noch?

Rechnung:

Antwort: ....

Schriftlich addieren mit Übertrag

Wissen und Verstehen

Beim **schriftlichen Addieren** entsteht ein Übertrag immer dann, wenn durch das Addieren das Ergebnis eines Stellenwertes gleich oder größer als 10 ist.
Dabei ist es ganz wichtig, dass du den Übertrag genau an die nächsthöhere Stelle schreibst. Entweder schreibst du ihn darunter oder direkt daneben.

214 + 468 = **?**

H	Z	E
□□	|	■■■■
□□□□	||||| |	■■■■■ ■■■
	|	~~■■■■■ ■■■■■~~ ■■
□□□□□ □	||||| |||	■■

	H	Z	E
	2	1	4
+	4	6	8
		1	
	6	8	2

Sprechweise:
8 plus 4 gleich 12, schreibe 2, übertrage 1
1 plus 6 plus 1 gleich 8
4 plus 2 gleich 6

Üben

1 Addiere schriftlich.

258 + 333	563 + 266	707 + 195	416 + 334	349 + 482
809 + 99	592 + 249	645 + 274	461 + 539	436 + 266

Üben 2

Setze die Rechenkette fort. Benutze dazu immer das Ergebnis der vorangegangenen Aufgabe. Findest du das Endergebnis im unteren Feld?

Schriftlich addieren mit Übertrag

Üben 3

Schreibe die Aufgaben stellengerecht untereinander und addiere.

436 + 527

296 + 25 + 308

572 + 246

480 + 474

6 + 197 + 715

391 + 94 + 293

Ordne die Ergebnisse nach der Größe. Beginne mit der kleinsten Zahl.

.... < .... < .... < .... < .... < ....

Üben 4

Ergänze die fehlenden Zahlen.

+	5	0	8
	7	0	1

	4		5
+		3	
	5	2	5

	4		7
+		4	2
	6	7	

	7	6	
+		2	3
	8		0

	3		8
+		4	
	7	5	4

Üben 5

Bilde aus den Ziffern 1, 2, 3, 4, 5, 6 zwei 3-stellige Zahlen. Jede Ziffer darf nur einmal vorkommen. Addiere die Zahlen. Bei welchen Zahlen ist das Ergebnis größer als 900, genau 786 oder kleiner als 500? Schreibe Beispiele auf.

Lösung: ....

Üben 6

Finde verschiedene Aufgaben mit dem gleichen Ergebnis.

```
  6 1 3      4 9 5          6
+ 2 9 8    +              +              +              +
  1 1
  9 1 1      9 1 1      9 1 1      9 1 1      9 1 1
```

Üben 7

In der Tabelle stehen Schüler- und Lehrerzahlen verschiedener Schulen. Welche Schule hat die meisten Schüler und Lehrer?
Überschlage zuerst und rechne dann genau aus.

	Pestalozzischule	Waldschule	Stadtschule
Schülerinnen	269	198	276
Schüler	215	211	247
Lehrer	38	24	42
Überschlag			
Genaue Anzahl			

Antwort: ....

Schriftlich subtrahieren ohne Übertrag

Wissen und Verstehen

Beim **schriftlichen Subtrahieren** ist es wichtig, dass du die Zahlen stellengerecht untereinanderschreibst.

857 – 536 = **?**

	H	Z	E
	8	5	7
–	5	3	6
	3	2	1

Auch beim schriftlichen Subtrahieren beginnst du mit der Einerstelle.
Es gibt zwei unterschiedliche Lösungswege:

Lösungsweg 1:
Das **Ergänzungsverfahren**
beginnt an der unteren Zahl.

Sprechweise:
6 plus 1 gleich 7 (schreibe 1)
3 plus 2 gleich 5 (schreibe 2)
5 plus 3 gleich 8 (schreibe 3)

Aufgepasst, du rechnest:
1. von unten nach oben,
2. von rechts nach links.

857
– 536

Lösungsweg 2:
Das **Abziehverfahren**
beginnt an der oberen Zahl.

Sprechweise:
7 minus 6 gleich 1 (schreibe 1)
5 minus 3 gleich 2 (schreibe 2)
8 minus 5 gleich 3 (schreibe 3)

Aufgepasst, du rechnest:
1. von oben nach unten,
2. von rechts nach links.

857
– 536

Üben

1 Subtrahiere schriftlich.

862		504		793		999		653	
– 511		– 204		– 482		– 728		– 531	

428		616		374		846		967	
– 207		– 513		– 341		– 643		– 934	

Üben 2

Lies die Aufgaben genau und rechne sie dann schriftlich aus.

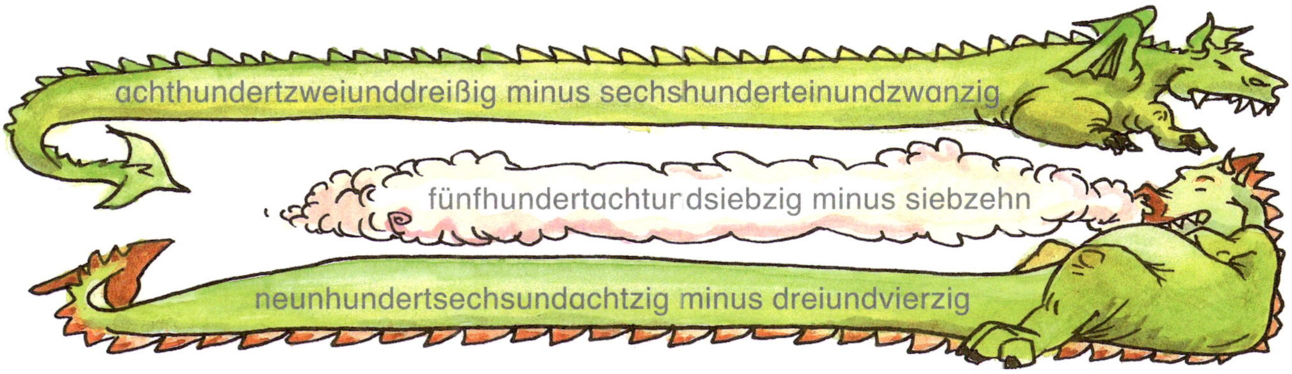

Üben 3

Finde die Fehler und rechne richtig.

631	729	482	558	826
− 411	− 511	− 380	− 546	− 714
241	238	702	512	132

Üben 4

Löse die Zahlenrätsel der Kinder.

Lösung: ....

Lösung: ....

Schriftlich subtrahieren mit Übertrag

Wissen und Verstehen

Beim **schriftlichen Subtrahieren** entsteht ein Übertrag immer dann, wenn ein Stellenwert der Zahl, die du subtrahierst, größer ist als der gleiche Stellenwert der Zahl, von der du subtrahierst. Dann musst du den nächsthöheren Stellenwert entbündeln. Daraus entsteht der Übertrag.
Dabei ist es ganz wichtig, dass du den Übertrag genau an die nächsthöhere Stelle schreibst, entweder darunter oder direkt daneben.

943 – 678 = **?**

	H	Z	E
	9	4	3
–	6	7	8
	1	1	
	2	6	5

	H	Z	E
	8	13	13
	~~9~~	~~4~~	~~3~~
–	6	7	8
	2	6	5

Es gibt zwei unterschiedliche Rechenwege:

Lösungsweg 1:
Das Ergänzungsverfahren beginnt an der unteren Zahl.

Sprechweise:
8 plus 5 gleich 13
(schreibe 5, übertrage 1)
1 plus 7 plus 6 gleich 14
(schreibe 6, übertrage 1)
1 plus 6 plus 2 gleich 9
(schreibe 2)

Lösungsweg 2:
Das Abziehverfahren beginnt an der oberen Zahl.

Sprechweise:
3 minus 8 geht nicht
1 Z in 10 E umwandeln
13 minus 8 gleich 5 (schreibe 5)
3 minus 7 geht nicht
1 H in 10 Z umwandeln
13 minus 7 gleich 6 (schreibe 6)
8 minus 6 gleich 2 (schreibe 2)

Üben

1 Subtrahiere schriftlich.

	7	4	7
–	5	2	8

	5	3	8
–	4	5	7

	9	7	7
–		8	9

	3	0	6
–	1	4	0

	6	8	1
–	3	9	2

Üben 2 Setze die Rechenkette fort. Benutze dazu immer das Ergebnis der vorangegangenen Aufgabe. Findest du das Endergebnis im unteren Feld?

Schriftlich subtrahieren mit Übertrag

Üben 3 Ergänze die Rechenmauern.

Üben 4 Ergänze die fehlenden Zahlen in den Aufgaben.

7 □ 5	− □ 3 6	2 7 □
□ □ □	− 3 1 8	3 0 6
8 0 2	− □ □ □	6 8 4
□ 4 9	− 1 2 □	4 □ 9
5 6 3	− □ □ □	2 9 8
□ □ □	− 2 8 4	6 7 1
5 1 9	− □ □ □	3 7 1
□ 9 9	− 2 4 □	5 □ 6
3 2 3	− □ □ □	2 4 4
8 7 1	− 7 □ 4	□ 1 □

Üben 5 Bilde aus den Ziffern 1, 7, 5 die größtmögliche und die kleinstmögliche Zahl. Subtrahiere die beiden Zahlen voneinander.

Größtmögliche Zahl: .... Kleinstmögliche Zahl: ....

Üben 6 Schaue dir die Aufgaben genau an. Erkennst du das Muster der Subtraktionen? Setze die Aufgabenreihe fort und rechne aus. Schreibe auf, was dir auffällt.

987	876	7		
− 198	− 198	−	−	−

....

Üben 7 Susi, Tanja, Leonie und Caro lesen den neuen Band von „Die Kinder des Dschinn“. Sie erzählen, wie viele Seiten sie schon gelesen haben. Finde heraus, wer es wie weit geschafft hat, und vergleiche untereinander. Welches Kind ist am weitesten, welches Kind hat noch am meisten zu lesen?

Antwort: ....

....

Multiplizieren mit Zehner- und Hunderterzahlen

Wissen und Verstehen

Beim **Multiplizieren** mit ganzen Zehner- und Hunderterzahlen gibt es verschiedene Möglichkeiten, zu rechnen.

Lösungsweg 1: Du rechnest zuerst die leichte Aufgabe.

3 · 30 = **?**   3 · 3 = 9   also ist 3 · 30 = 90

3 · 300 = **?**   3 · 3 = 9   also ist 3 · 300 = 900

Lösungsweg 2: Du zerlegst die Zehner- oder die Hunderterzahl.

3 · 30 = **?**   3 · 3 · 10 = 90 oder 3 · 3 Z = 90

3 · 300 = **?**   3 · 3 · 100 = 900 oder 3 · 3 H = 900

Lösungsweg 3: Du multiplizierst in einer Stellenwerttafel.

Aus Einern werden Zehner.

H	Z	E
		3

3 · 10

H	Z	E
	3	0

Aus Zehnern werden Hunderter.

H	Z	E
	3	0

30 · 10

H	Z	E
3	0	0

Üben

1 Setze die Reihen fort.

Üben 2 Multipliziere mit Zehner- und Hunderterzahlen.

2 · 3 = ...	8 · .... = 8	.... · 3 = 9
2 · 30 = ...	8 · .... = 80	.... · 30 = 90
2 · 300 = ...	8 · .... = 800	.... · 300 = 900

Üben 3 Bilde mit jeweils drei Zahlen aus einem Kästchen möglichst viele Malaufgaben.

5, 7, 35, 350, 70, 50

9, 6, 54, 90, 60, 540

Üben 4 Berechne die Ergebnisse.

·	6	20	10	9	3	7
3						
30						
4						
40						

Üben 5 Florian hat vier CD-Regale. Jedes bietet Platz für 30 CDs. Zum Geburtstag bekommt er noch zwei große Regale, in die jeweils 60 CDs passen.
Wie viele CDs kann Florian jetzt in alle seine Regale stellen?

Rechnung:

Antwort: ....

Dividieren mit Zehner- und Hunderterzahlen

Wissen und Verstehen

Beim **Dividieren** mit ganzen Zehner- oder Hunderterzahlen gibt es verschiedene Lösungswege.

Lösungsweg 1: Du rechnest mit der leichten Aufgabe.

200 : 40 = **?**

200 : 10 : 4 = 5

also 200 : 40 = 5, weil 20 : 4 = 5

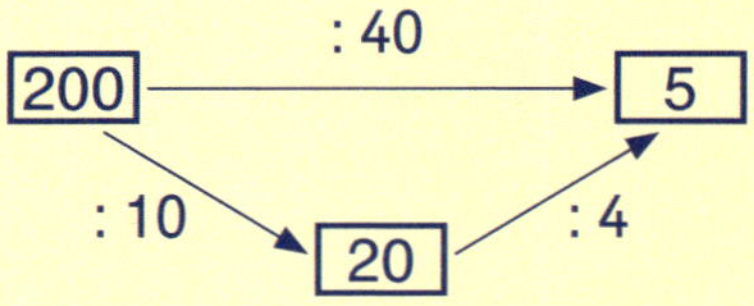

Lösungsweg 2: Du dividierst in einer Stellenwerttafel.

Aus Zehnern werden Einer.

H	Z	E
	2	0

20 : 10

H	Z	E
		2

Aus Hundertern werden Zehner.

H	Z	E
2	0	0

200 : 10

H	Z	E
	2	0

Üben 1

Löse die Aufgaben.

10 : 5 = ...	8 : .... = 4	.... : 2 = 300
100 : 5 = ...	80 : .... = 4	.... : 2 = 30
1 000 : 5 = ...	800 : .... = 4	.... : 2 = 3

Üben 2

Berechne die Ergebnisse.

:	60	6
420		
120		
600		
300		

:	9	90
900		
450		
540		
360		

Dividieren mit Zehner- und Hunderterzahlen

Üben 3 Löse die Aufgaben und finde das Lösungswort heraus.

500 : 10 = ...

360 : 6 = ...

270 : 90 = ...

490 : 70 = ...

210 : 30 = ...

240 : 80 = ...

150 : 5 = ...

200 : 50 = ...

E	N	K	L	T	S	R
3	4	50	60	7	70	30

Lösungswort: ___ ___ ___ ___ ___ ___ ___ ___

Üben 4 Löse die Rechenketten.

300 → : 5 → ______ → · 2 → ______ → : 30 → ______ → · 90 → ______

720 → : 80 → ______ → : 3 → ______ → · 60 → ______ → : 20 → ______

Üben 5 Sarah möchte für ihre Freundinnen Ketten basteln.
Sie hat insgesamt 320 Glasperlen.
Für eine Kette braucht Sarah 40 Perlen.
Für wie viele Freundinnen kann Sarah Ketten basteln?

Rechnung:

Antwort: ....

Halbschriftlich multiplizieren

Wissen und Verstehen

Beim **halbschriftlichen Multiplizieren** rechnest du in mehreren Schritten.
Es gibt verschiedene Lösungswege.

7 · 14 = ?

Lösungsweg 1:

7 · 14 = **98**
7 · 10 = 70
7 · 4 = 28

Lösungsweg 2:

7 · 14 = **98**
7 · 4 = 28
7 · 10 = 70

Lösungsweg 3 (Malkreuz):

·	10	4	
7	70	28	
			98

7 · 10 = 70
7 · 4 = 28
70 + 28 = **98**

Üben 1

Rechne halbschriftlich.

8 · 23 =

6 · 55 =

5 · 92 =

9 · 44 =

7 · 35 =

8 · 67 =

Üben 2

Löse die Aufgaben mit dem Malkreuz.

5 · 139 = ...

·	100	30	9	
5				

3 · 258 = ...

·				

Üben 3 Überprüfe die Aufgaben. Rechne halbschriftlich. Kreuze die richtigen Lösungen an.

☐ 4 · 28 = 112 ☐ 8 · 39 = 302

☐ 7 · 73 = 521 ☐ 6 · 46 = 276

Üben 4 Tobias und Lena helfen im Supermarkt beim Auspacken. Sie haben 6 Kartons mit jeweils 24 Dosen und 8 Kartons mit jeweils 32 Dosen.
Wie viele Dosen packen die beiden aus?

Rechnung:

Antwort: ....

Üben 5 Für ein Schulfest stellen die Schüler 23 Reihen mit jeweils 7 Tischen auf.
An 37 Tische passen 4 Stühle, an die übrigen nur 3.
Wie viele Stühle stehen in der Aula?

Rechnung:

Antwort: ....

Halbschriftlich dividieren – ohne und mit Rest

Wissen und Verstehen

Beim **halbschriftlichen Dividieren** kannst du in mehreren Schritten rechnen. Einfach ist es dann, wenn die Aufgabe ohne Rest aufgeht.

684 : 6 = **?**

Zerlege zuerst die Zahl, die geteilt werden soll. Die einzelnen Zahlen müssen durch den Teiler teilbar sein. Das Einmaleins hilft dir:

684 = 600 + 60 + 24

Danach teilst du jede Zahl durch 6:

684 : 6 = **114**
600 : 6 = 100
60 : 6 = 10
24 : 6 = 4

Probe mit der Malaufgabe:

·	100	10	4	
6	600	60	24	
				684

Jetzt addierst du alle Teilergebnisse: 100 + 10 + 4 = **114**

Bei Aufgaben mit Rest kannst du die gleichen Schritte ausführen.

67 : 5 = **?**

Du zerlegst die Zahl, die geteilt werden soll:

67 = 50 + 17

Danach teilst du jede Zahl und schreibst den Rest auf.

67 : 5 = 13 Rest 2
50 : 5 = 10
17 : 5 = 3 Rest 2

Probe:
13 · 5 = 65
65 + 2 = 67

Üben

1 Rechne halbschriftlich und mache die Probe mit der Malaufgabe.

75 : 5 =

77 : 3 =

175 : 7 =

Halbschriftlich dividieren – ohne und mit Rest

Üben 2 Verbinde jede Aufgabe mit dem passenden Ergebnis.
Welche Zahl fehlt? Trage sie ein.

81 : 3 57 96 : 8 27 114 : 6 399 : 7

19 12 729 : 9 54 216 : 4

Üben 3 Welche Zahlen lassen sich ohne Rest durch 3 teilen? Male sie farbig an.

162 202 326 378 540 468 576 292

Üben 4 Tobias und Klara haben 288 Spielkarten.
Tobias teilt die Karten in 3 gleiche Stapel.
Wie viele Karten sind in jedem Stapel?
Dann legt Klara 4 gleiche Stapel mit den Karten.
Wie viele Karten sind jetzt in einem Stapel?
Können Tobias und Klara auch 6, 7, 8 oder 9 gleiche Stapel legen?

Rechnung:

Antwort: ....

....

Halbschriftlich dividieren – ohne und mit Rest

Üben 5

Rechne die Aufgaben aus. Vergiss die Probe nicht.

73 : 5 =

71 : 4 =

68 : 3 =

125 : 7 =

111 : 8 =

340 : 9 =

Üben 6

Schreibe auf, welche Zahlen sich beim Teilen durch 7 als Rest ergeben können.

....

Was fällt dir auf?

....

....

Üben 7

Überprüfe die Rechnungen und verbessere falsche Ergebnisse.

200 : 6 = 33 Rest 4 ....

179 : 7 = 25 Rest 4 ....

422 : 5 = 82 Rest 2 ....

694 : 9 = 77 Rest 7 ....

Üben 8 112 Personen stehen an der Kasse der Bergbahn. Sie möchten alle auf den Berg fahren. In einer Kabine ist Platz für 6 Personen.
Wie viele Kabinen werden benötigt?

Rechnung:

Antwort: ....

Üben 9 Suche alle Zahlen zwischen 20 und 80, die beim Teilen durch 6 den Rest 4 haben.

Buchstabenrätsel

Extrarunde

Jeder Buchstabe des Wortes LENKRAD steht für eine Zahl.
Finde die Zahlen heraus.

L = K + A
E = L + 217
N = 240 : 60
K = A : 7
L + **E** + **N** + **K** + **R** + **A** + **D** = 1000

R = E – L + A
A = N · 21
D = ?

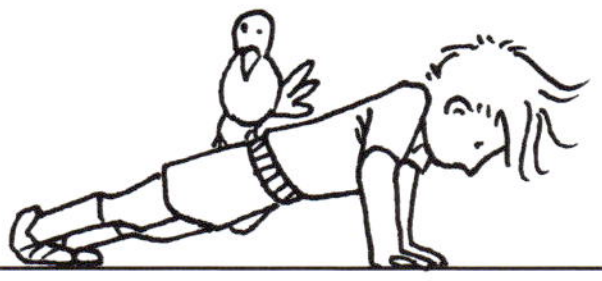

Textaufgaben bearbeiten

Wissen und Verstehen

Es gibt Rechenaufgaben, die in **Textform** geschrieben sind. Dann ist es oft gar nicht so leicht, die richtigen Angaben für die Rechnung herauszufinden.

Diese Schritte können dir helfen, die richtige Lösung zu finden:

1. Lies zuerst den Text der Aufgabe genau.

2. Unterstreiche alle wichtigen Angaben.
3. Denke über die Frage noch einmal nach oder finde selbst eine mögliche Frage.

4. Überlege, ob eine Zeichnung möglich ist, um die Aufgabe besser zu verstehen.
5. Schreibe die einzelnen Rechenschritte auf.
6. Mache eine Überschlagsrechnung.

7. Rechne die Aufgabe genau aus.
8. Vergleiche Überschlag und Ergebnis miteinander.

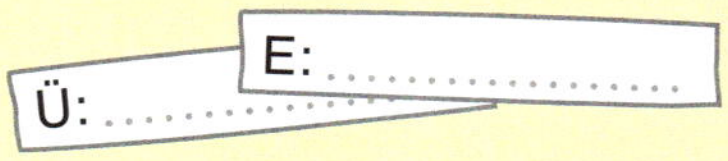

9. Rechne zur Kontrolle noch die Probeaufgabe.
10. Lies die Frage noch einmal und schreibe eine passende Antwort auf.

Üben

1 Wende die Schritte 1 bis 10 an.

An einem Schwimmfest nehmen 325 Teilnehmer teil.
Davon sind 257 Teilnehmer über 14 Jahre alt.
27 Teilnehmer sind unter 10 Jahre alt.
Wie viele Teilnehmer sind zwischen 10 und 14 Jahre alt?

Schritt 1: Lesen: An einem …

Schritt 2: Unterstreichen.

Schritt 3: ....

....

Schritt 4:

Schritt 5:

Schritt 6:

Schritt 7: Genau rechnen.

Schritt 8: Überschlag und Ergebnis vergleichen.

Schritt 9: Probeaufgabe rechnen.

Schritt 10:

....

....

....

Üben 2 Übe die 10 Schritte noch einmal.

Leander bekommt seit vier Jahren zum Geburtstag kleine Rennautos. An jedem Geburtstagsabend zählt er seine alten und neuen Autos. Er stellt fest, dass er jedes Jahr doppelt so viele Autos hat wie im Jahr zuvor. Jetzt, nach vier Jahren, hat er 96 Rennautos. Wie viele Rennautos hatte er nach einem Jahr?

Kannst du Ergebnisse überprüfen?

800 : 40 = 20

138 + 276 = 414

805 – 376 = 521

345 + 108 + 291 = 755

600 : 3 = 20

72 · 7 = 504

724 : 8 = 9 Rest 4

421 : 4 = 15 Rest 1

829 – 387 = 442

647 + 363 = 1 000

45 · 3 = 145

Überlege:

- Hast du die Zahlen der Aufgabe richtig abgeschrieben?
- Hast du eine Überschlagsrechnung gemacht?
- Hast du beim schriftlichen Rechnen die Zahlen stellengerecht untereinander geschrieben?
- Hast du die Rechenzeichen richtig abgeschrieben?
- Hast du die Rechenzeichen richtig angewendet?
- Hast du die Probeaufgabe gemacht?
- Liegt dein Ergebnis in der Nähe des Ergebnisses der Überschlagsrechnung?
- Stimmt dein Ergebnis der Probeaufgabe mit der Ausgangszahl überein?

Überprüfe die Ergebnisse in der Trainingskarte und unterstreiche die richtigen Ergebnisse.

Kannst du Textaufgaben lösen?

Ein Automechaniker richtet seine Werkzeugkiste mit 90 neuen Schrauben. Die Schrauben sind in 10 Schachteln mit je 9 Schrauben verpackt. Während seiner Arbeit macht er eine kurze Pause. Es liegen 12 Schrauben neben der Kiste, 15 Schrauben rechts davon und 27 Schrauben hat er schon montiert. Wie viele Schrauben sind noch in der Werkzeugkiste?

Überlege:

- Hast du den Text genau gelesen und verstanden?
- Hast du die Frage verstanden oder musst du selbst eine Frage finden?
- Hast du mithilfe der Frage alle wichtigen Angaben zum Rechnen gefunden?
- Hast du eine Zeichnung angefertigt, damit du die Aufgabe besser verstehst?
- Hast du die wichtigen Angaben zum Rechnen unterstrichen?
- Ist es sinnvoll, die Zahlen für eine Überschlagsrechnung zu runden?
- Kannst du jetzt die Aufgabe rechnen?

Unterstreiche in der Trainingskarte alle wichtigen Angaben, die du zum Rechnen brauchst.

Flächen vergleichen

Wissen und Verstehen

Ebene Figuren werden nach der Anzahl ihrer Ecken benannt:

Viereck   Dreieck   Sechseck   Achteck

Rechteck und Quadrat sind besondere Vierecke.

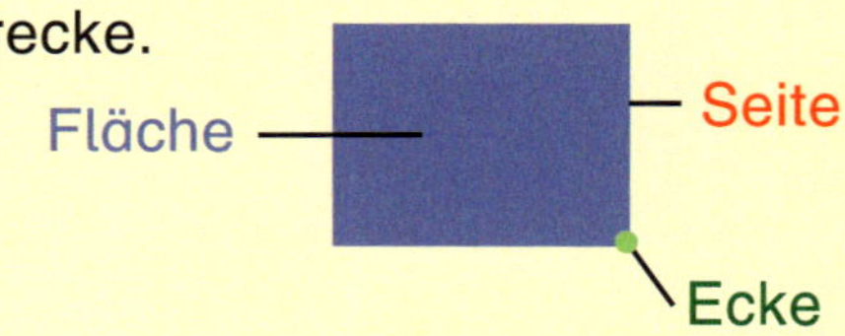

Alle ebenen Figuren haben eine Fläche, die durch die Seiten begrenzt wird.

Der Kreis gehört auch zu den ebenen Figuren, auch wenn er keine Ecken hat.

Flächen von ebenen Figuren kannst du durch Auslegen mit Karos miteinander vergleichen.

Üben

1 Male Quadrate rot, Rechtecke gelb, beliebige Vierecke grün und Dreiecke blau an.

Üben 2 Schreibe zu jeder Fläche die Größe in Karos und ordne sie nach der Größe.

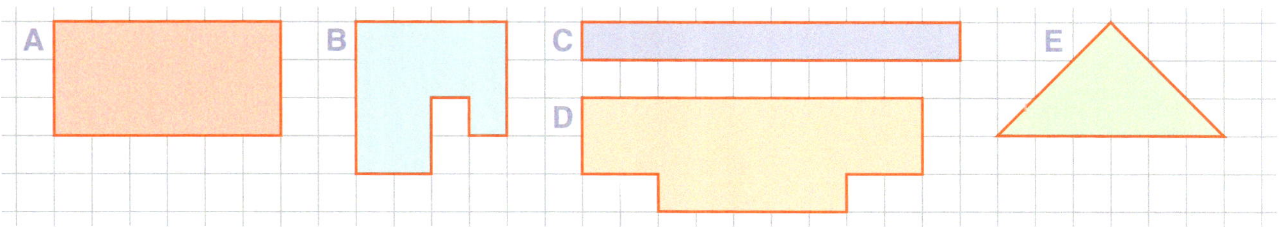

.... < .... < .... < .... < ....

Üben 3 Welche Fläche ist größer? Kreuze sie an.

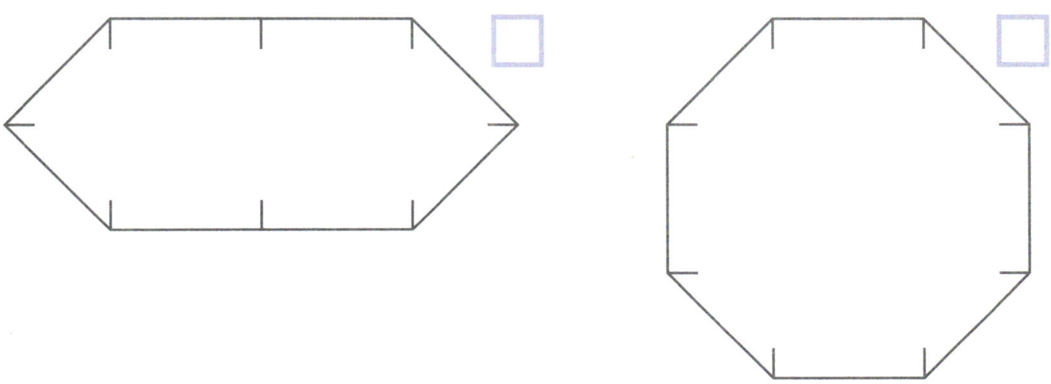

Üben 4 Vier quadratische Platten können auf unterschiedliche Weise zu einer Fläche aneinandergelegt werden. Es gibt verschiedene Möglichkeiten. Zeichne mindestens vier auf.

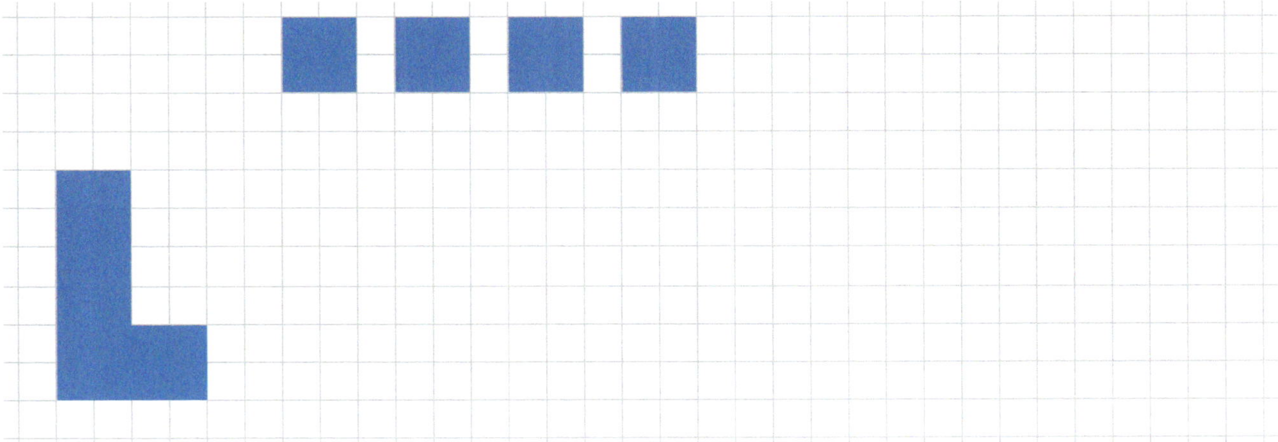

Körper erkennen

Wissen und Verstehen

Das sind **Körper:**

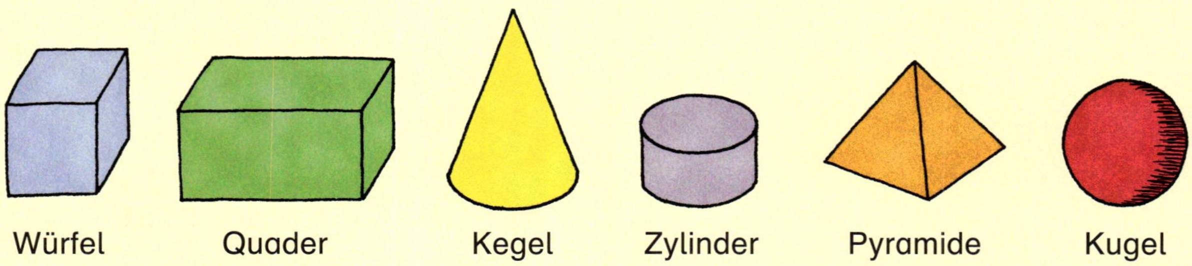

Alle Körper bestehen aus mindestens einer Fläche.
Wenn zwei Flächen aneinanderstoßen, dann bilden sie eine Kante.
Wenn drei Kanten aneinanderstoßen, dann bilden sie eine Ecke.

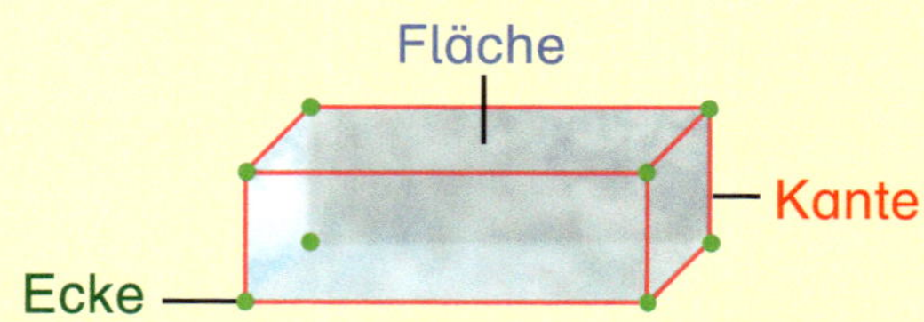

Üben

1 Viele Gegenstände, die ungefähr die Form geometrischer Körper haben, begegnen uns auch im Alltag. Verbinde die Gegenstände mit den Körpern.

ben 2 Welche Flächen bilden den Körper? Male sie farbig an.

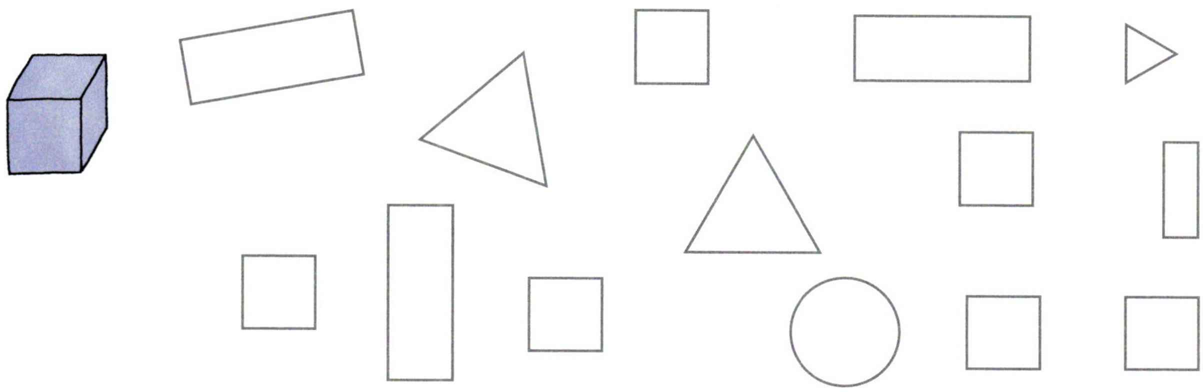

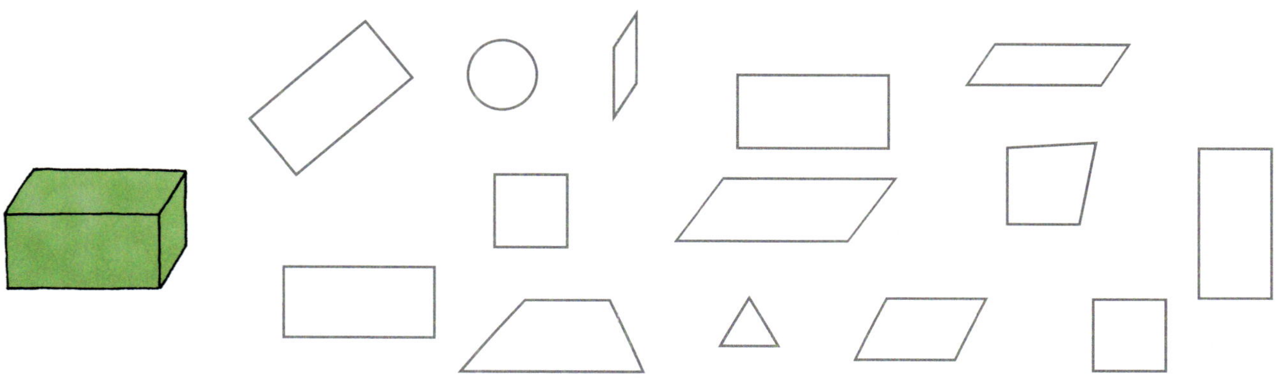

ben 3 Richtig oder falsch? Kreuze an.

	✓	f
Alle Körper haben Ecken, Kanten und Flächen.	☐	☐
Es gibt Körper ohne Ecken.	☐	☐
Würfel und Quader haben die gleiche Anzahl Ecken, Kanten und Flächen.	☐	☐
Eine Kugel hat eine Ecke, aber keine Kante.	☐	☐
Alle Körper haben mehr als drei Flächen.	☐	☐
Ein Zylinder hat Kanten, aber keine Ecken.	☐	☐

Würfel- und Quadernetze untersuchen

Wissen und Verstehen

Jeder Körper kann so aufgeklappt werden, dass ein Netz entsteht. Jedes **Körpernetz** hat die Eigenschaft, dass die aufgeklappten Flächen so zusammenhängen, dass daraus wieder der ursprüngliche Körper hergestellt werden kann. So können Netze aussehen:

Würfelnetz Quadernetz

Üben

1 Carlos und Jasmin haben Quadernetze gezeichnet. Überprüfe und kreuze an, ob man sie zu Quadern falten kann. Schneide dazu das Quadernetz von der Ausklappseite aus. Klebe das Quadernetz erst nach Üben 3 zusammen.

A ☐

B ☐

C ☐

D ☐

Üben 2 Die Augenzahlen der gegenüberliegenden Flächen eines Spielwürfels ergeben addiert immer 7. Welches Netz ergibt einen Spielwürfel? Zeichne die Netze ab, schneide sie aus und falte sie. Kreuze dann an.

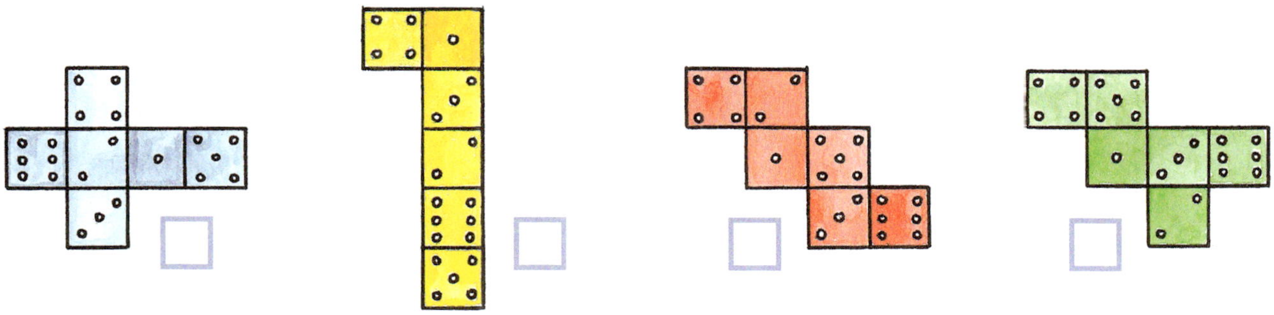

Üben 3 Bei den folgenden Quader- und Würfelnetzen fehlt immer eine Fläche. Ergänze sie so, dass ein richtiges Netz entsteht. Kennzeichne die gegenüberliegenden Flächen mit den gleichen Farben. Bei einigen Netzen gibt es mehrere Möglichkeiten.

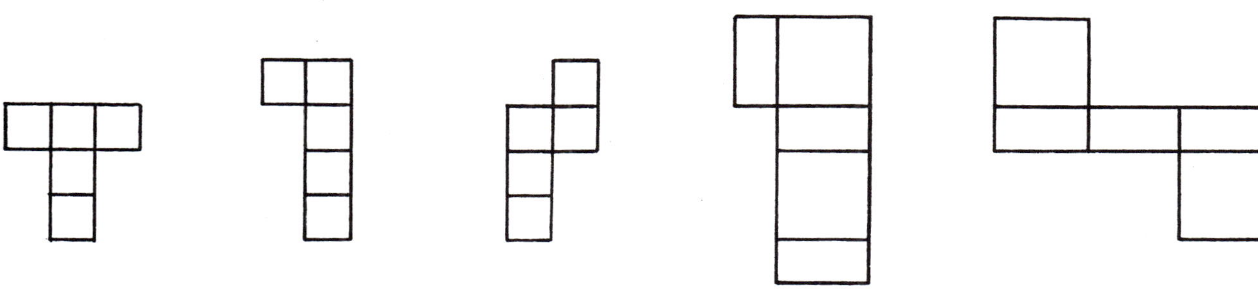

Rechteckpuzzle

Extrarunde

Wie viele verschiedene Möglichkeiten gibt es, mit diesen vier kleinen Rechtecken

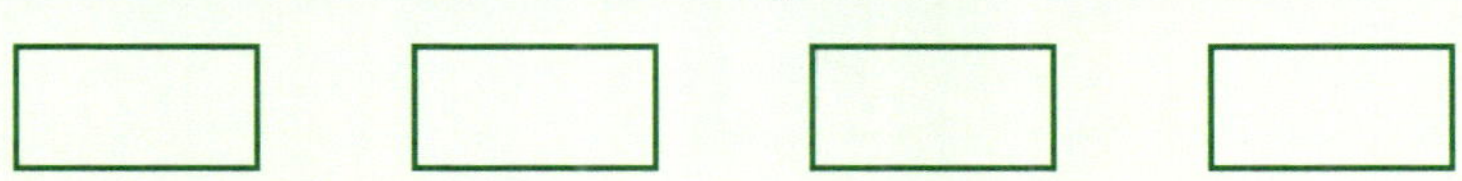

dieses große Rechteck auszulegen?

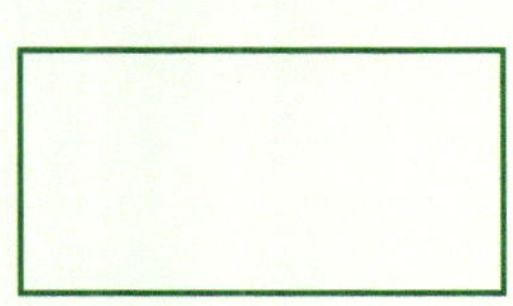

Pläne lesen

Wissen und Verstehen

Um sich in der Umwelt zurechtzufinden, ist es hilfreich, **Pläne** lesen zu können, wie z. B. Straßenbahn-, Bus- oder Zugpläne, Wegepläne durch den Zoo oder den Park und auch Straßenkarten oder Stadtpläne.

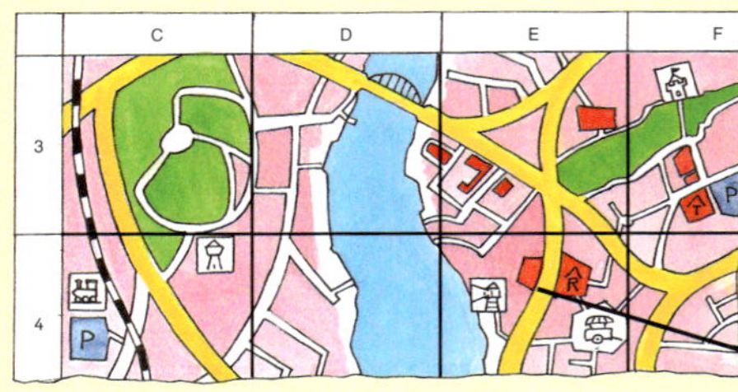

Stadtplan mit Planquadraten

Üben

1 Findest du dich in dieser Stadt zurecht? Schreibe auf, in welchem Planquadrat sich die Sehenswürdigkeiten jeweils befinden.

1 Wasserturm ....C4....	5 Schloss	8 Bahnhof ....
2 Leuchtturm	6 Marktplatz	R Rathaus ....
3 Park	7 Brücke	T Theater ....
4 Schlosspark		

1 Wasserturm, 3 Park, 5 Schloss, 7 Brücke, R = Rathaus
2 Leuchtturm, 4 Schlosspark, 6 Marktplatz, 8 Bahnhof, T = Theater

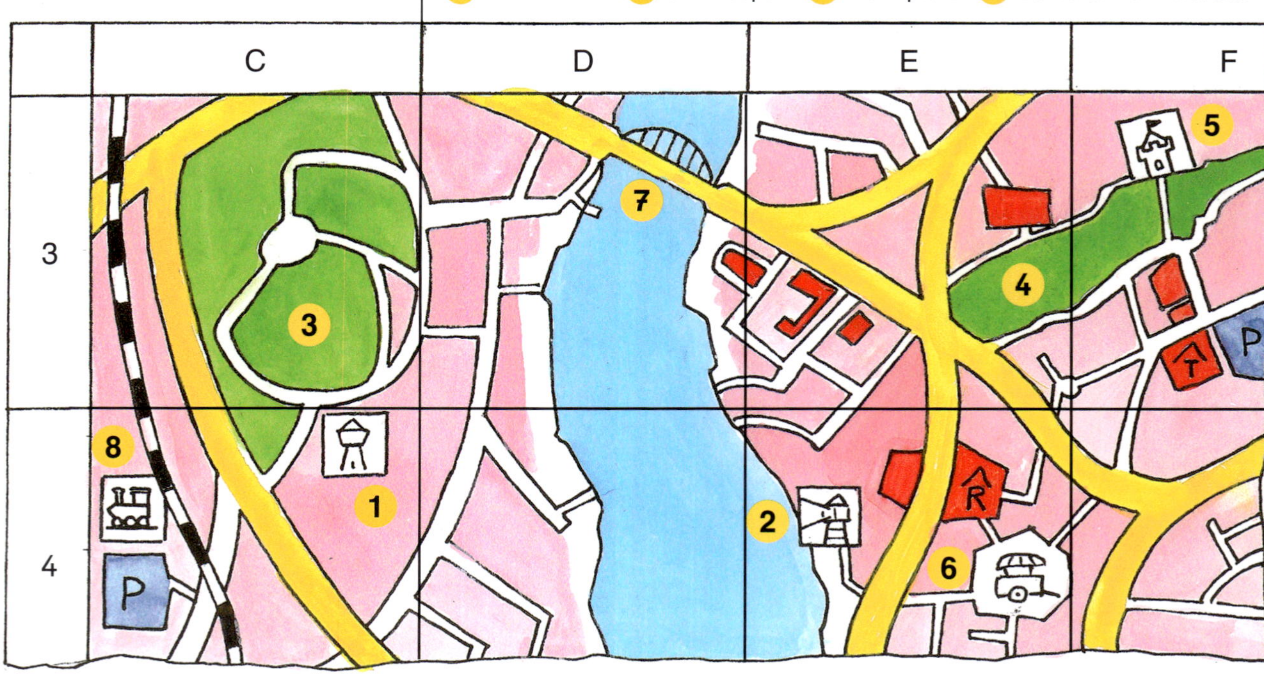

Üben 2

Der Plan zeigt Schatzsuchern, wo die Gegenstände versteckt sind. Beginne immer bei Start und schreibe auf, wie viele Kästchen du dich in welche Richtung bewegen musst.

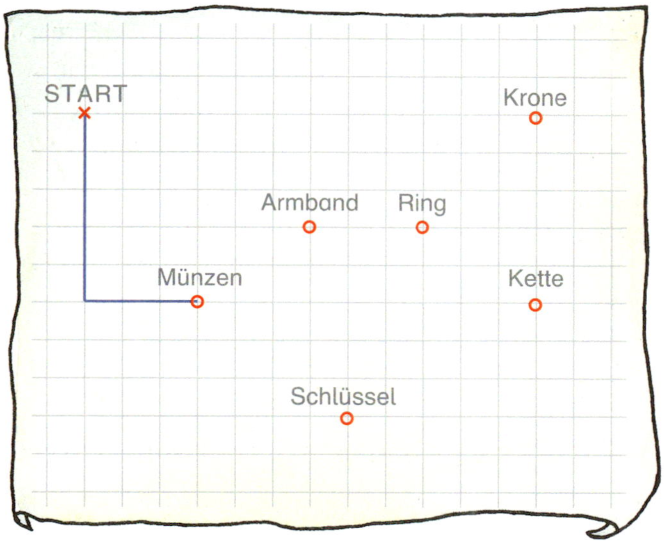

Münzen		5↓ 3→
Armband		....
Ring		....
Krone		....
Kette		....
Schlüssel		....

Üben 3

Verstecke nun selbst einige Schätze. Zeichne ein, wo sie im Gitternetz liegen. Beginne immer bei Start.

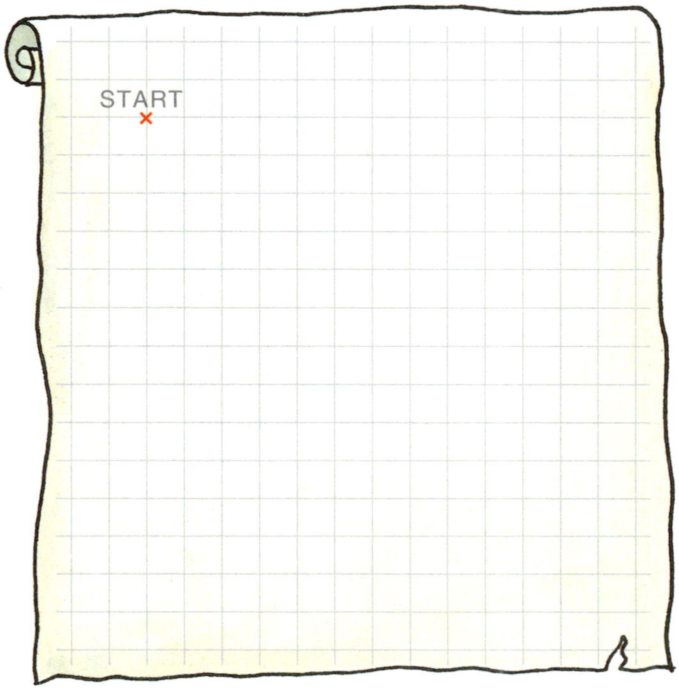

Schwert		8→ 2↓
Kompass		4→ 3↓
Nachricht		10→
Uhr		3↓ 1←
Flasche	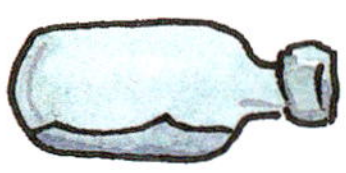	10↓ 9→
Geld		12↓ 2→

Mit Würfeln bauen

Wissen und Verstehen

Mit Einheitswürfeln kannst du **Würfelbauten** erstellen. Würfelbauten kannst du frei entwerfen oder aber auch nach einem **Bauplan** nachbauen. Zu jedem Würfelbau kannst du einen Bauplan erstellen.
Ein Bauplan bildet zunächst die Grundfläche des Würfelbaus ab und gibt darüber Auskunft, wie viele Würfel an einer bestimmten Stelle stehen.

2	5	2	2
2	1	2	1
0	0	1	0

Würfelbauten können aus verschiedenen Perspektiven (Ansichten) betrachtet werden: von oben, von unten, von vorn und von der Seite.

von oben
oder von unten

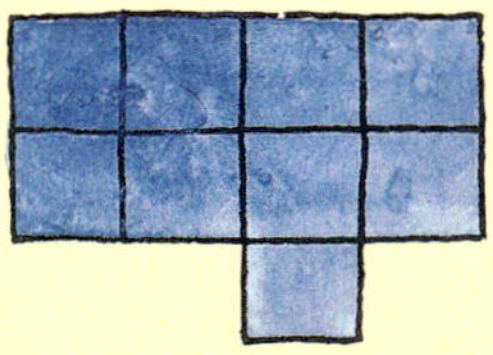

von vorn

von der Seite

von der Seite

Üben

1 Beschrifte die Baupläne zu den Körpern.

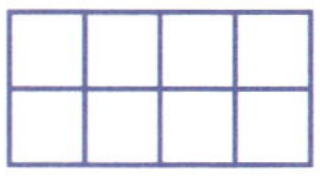

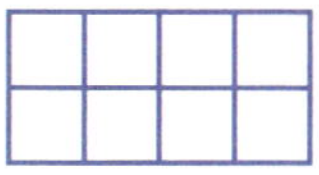

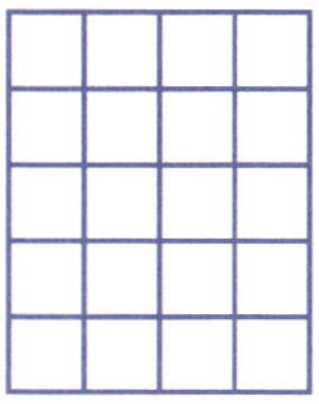

Üben 2 Paula und Leo haben Würfelbauten erstellt. Aus welcher Perspektive werden sie jeweils betrachtet? Schreibe auf. Zeichne die fehlende Ansicht. Beschrifte die Baupläne.

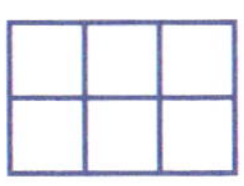

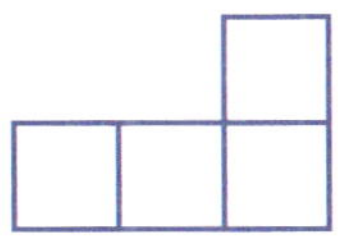

von ....

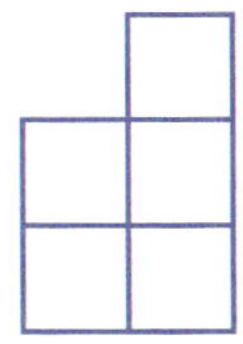

von ....

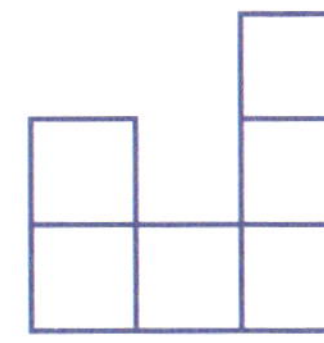

von ....

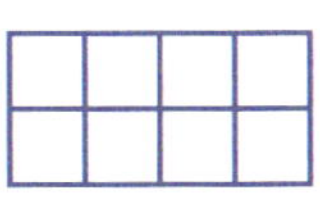

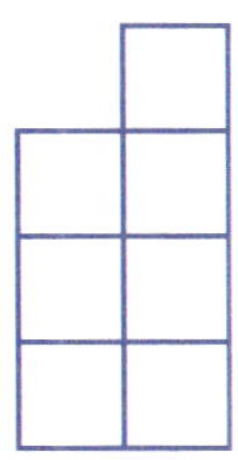

von ....

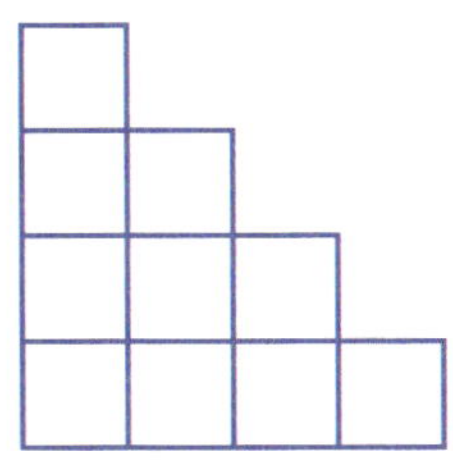

von ....

von oben

Würfel zusammenkleben

Extrarunde

Wie viele Seitenflächen mussten bei diesem Würfelbau mit Kleber bestrichen werden?

Der Kleber wurde immer nur auf einer Klebefläche aufgetragen.

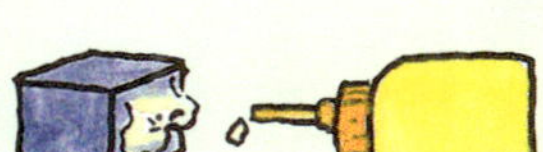

Symmetrische Figuren erkennen und herstellen

Wissen und Verstehen

Symmetrische Figuren gibt es überall in der Umwelt.

Achsensymmetrie:
Eine ebene Figur heißt achsensymmetrisch, wenn es eine Gerade als Achse gibt, die die Figur in zwei deckungsgleiche Hälften zerlegt. Deckungsgleich bedeutet, dass die beiden Hälften genau übereinanderliegen würden, wenn du sie zusammenklappen würdest. Auch die Farben müssen gleich sein.
Die Achse heißt **Spiegelachse** oder **Symmetrieachse.**

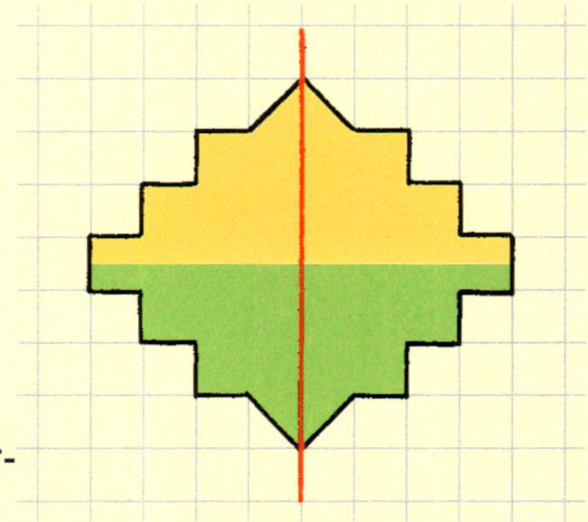

Spiegelachse oder Symmetrieachse

Üben

1 Zeichne die Spiegelachsen in die Figuren ein.

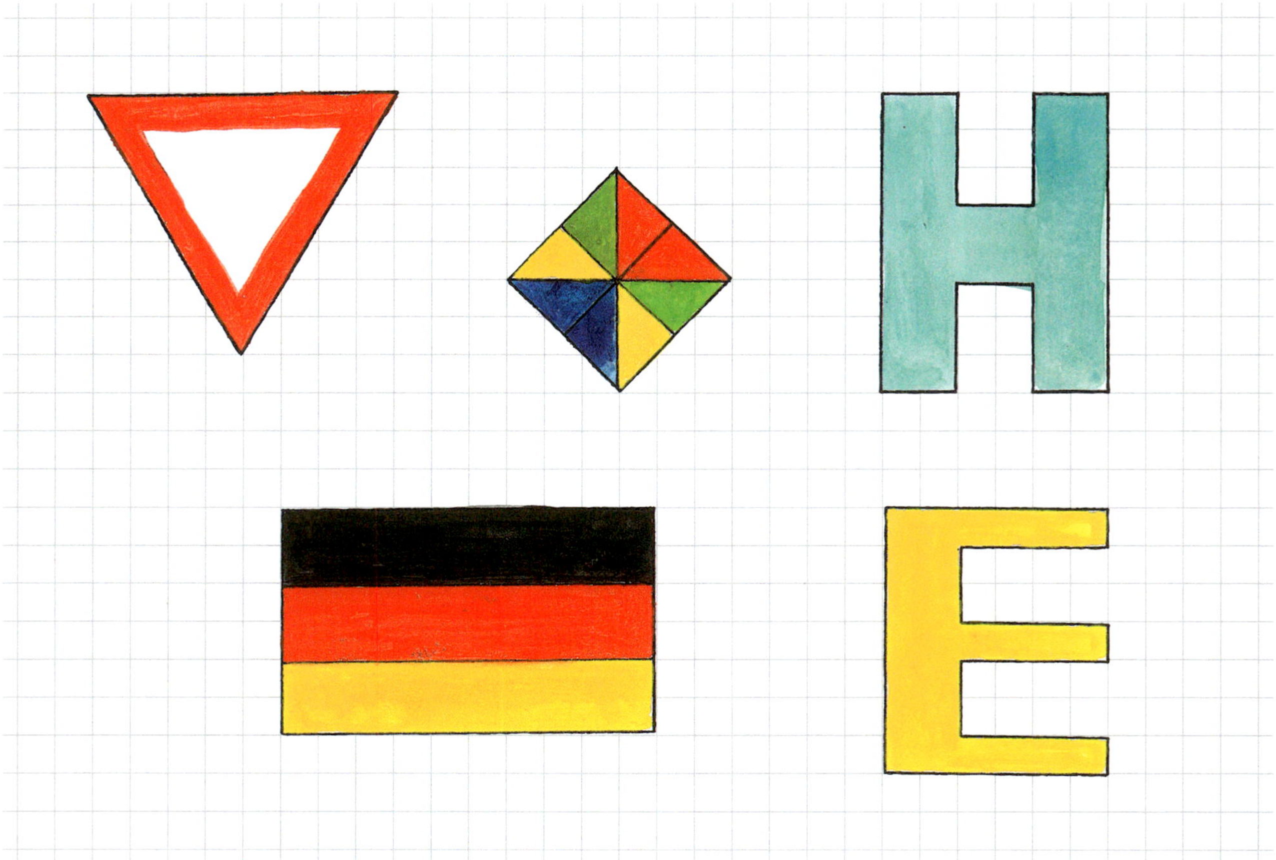

Üben 2 Ergänze die Spiegelbilder und male die Figuren farbig an.

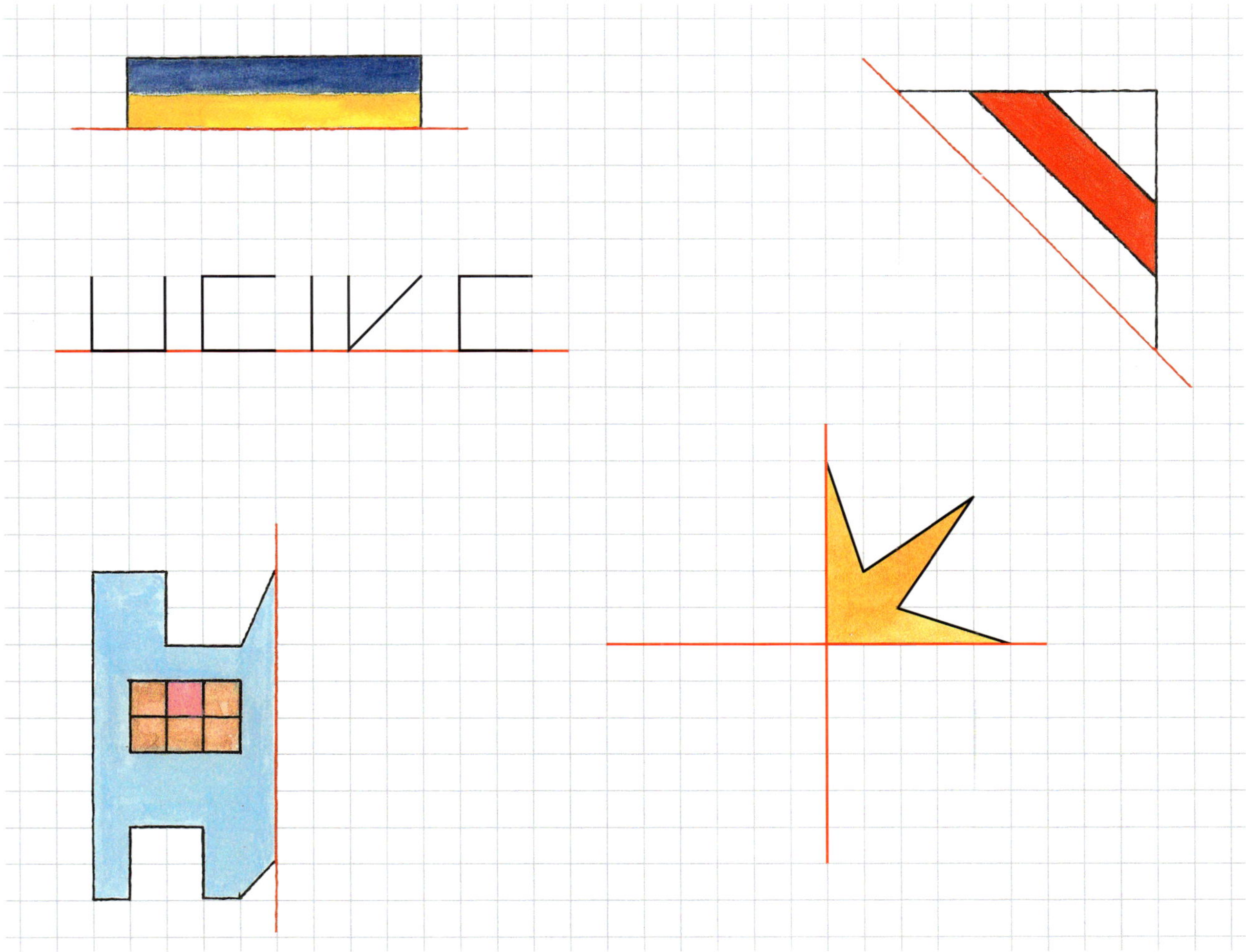

Falsch gespiegelt

Extrarunde

Was ist falsch beim Spiegelbild?
Kreise ein.

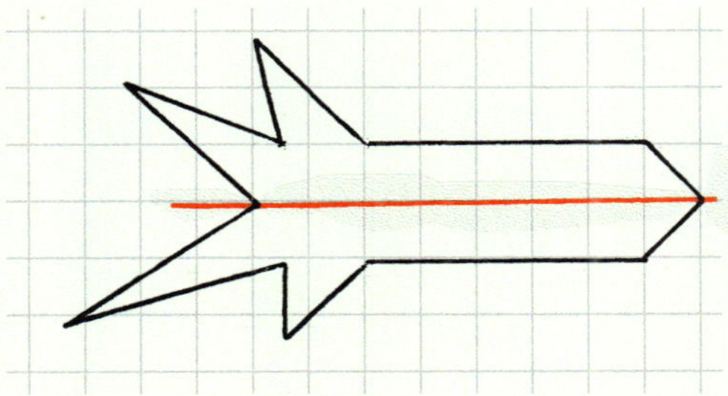

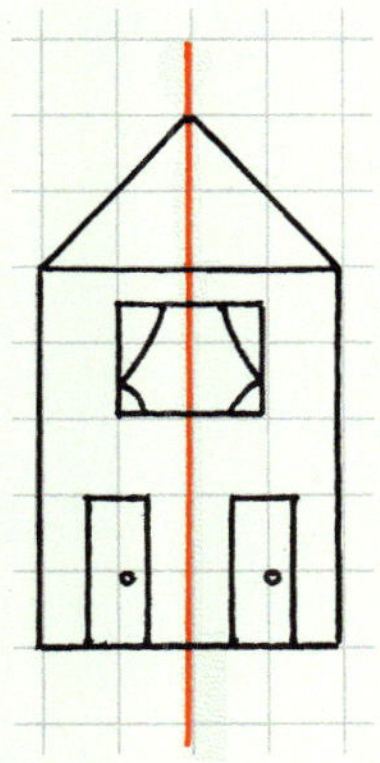

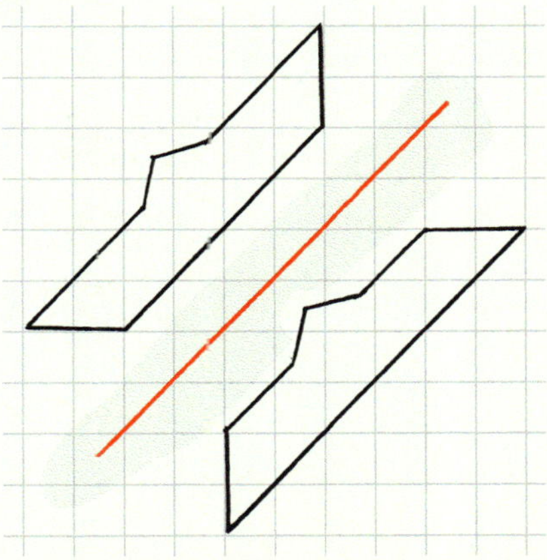

Kannst du ebene Figuren erkennen?

Überlege:

- Hast du überprüft, ob die Figur Ecken hat?
- Hast du die Anzahl der Ecken gezählt?
- Hast du bei einem Viereck überprüft, ob alle Seiten gleich lang sind?
- Hast du bei einem Viereck überprüft, ob die gegenüberliegenden Seiten gleich lang sind?

Nummeriere jede ebene Figur in der Trainingskarte mit der passenden Zahl.

1 Dreieck 2 Viereck 3 Achteck

4 Sechseck 5 Rechteck

6 Quadrat 7 Fünfeck 8 Kreis

Kannst du Körper erkennen?

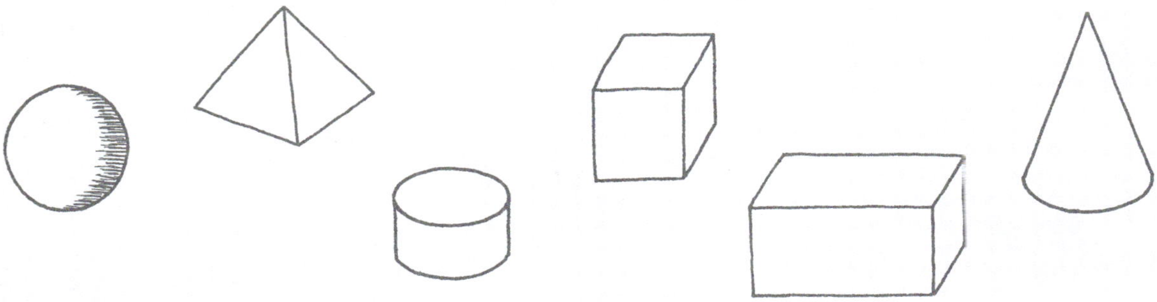

Überlege:

- Hast du überprüft, ob der Körper nur eine Fläche hat?
- Hast du überprüft, ob der Körper zwei Flächen und eine Spitze hat?
- Hast du überprüft, ob der Körper drei Flächen und keine Spitze hat?
- Hast du überprüft, ob der Körper eine Spitze und noch mindestens drei Ecken hat?
- Hast du überprüft, ob der Körper sechs Flächen hat?
- Hast du überprüft, ob alle Kanten gleich lang sind?

Male die Körper in der Trainingskarte mit der gleichen Farbe an wie die dazugehörigen Namen.

Kugel Würfel Pyramide Quader Zylinder Kegel

Muster fortsetzen

Wissen und Verstehen

Bei einem **Muster** wiederholen sich vorgegebene Formen und Farben.
Es können Streifen (Bänder) und auch Flächen mit Mustern gestaltet werden.
Streifen mit regelmäßigen Mustern werden auch **Bandornamente** genannt.

Üben

1 Setze die Muster fort.

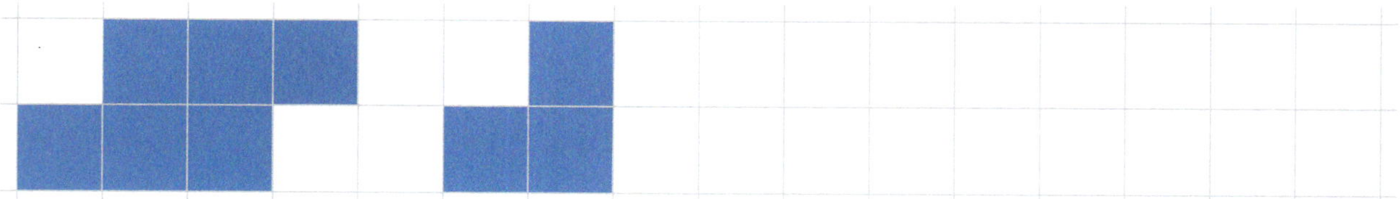

Üben 2 Setze die Bandornamente fort. Benutze dazu die Winkelplättchen aus der Ausklappseite.

Üben 3 Erfinde dein eigenes Bandornament.
Benutze dazu die Winkelplättchen.

Parkettierungen fortsetzen

Wissen und Verstehen

Bei **Parkettierungen** wird eine Fläche durch wiederholtes Auslegen mit einer Figur abgedeckt. Dabei dürfen keine Löcher und keine Überlappungen entstehen.

In der Umwelt gibt es viele Beispiele für Parkettierungen: Fliesen, Straßenpflaster oder Parkettböden.

Üben

1 Parkettiere die Flächen vollständig.

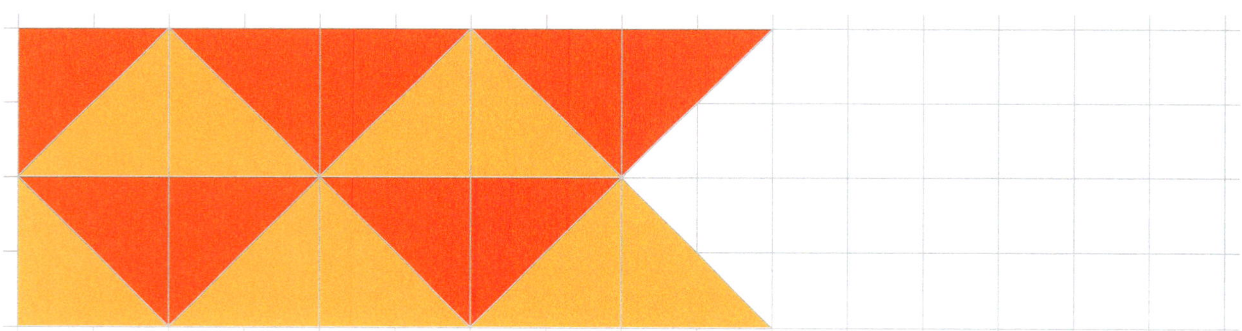

ben 2 Parkettiere mit dem vorgegebenen Winkelplättchen aus der Ausklappseite.

ben 3 Zeichne die Muster weiter.

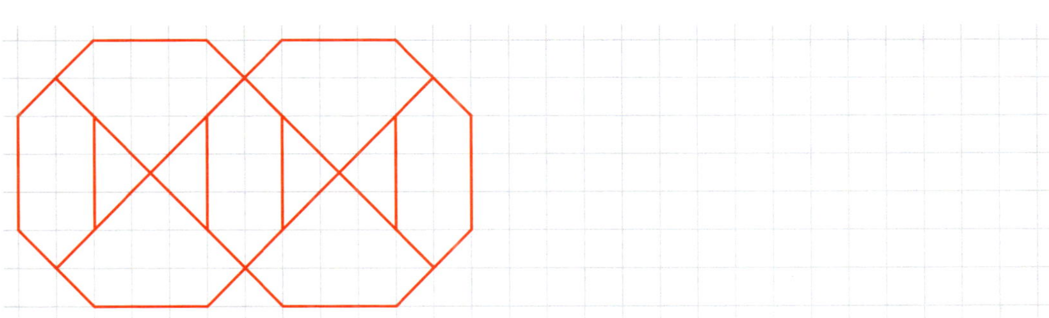

Regeln entdecken und anwenden

Wissen und Verstehen

Bei **Zahlenfolgen** oder bei **Aufgaben** zu den vier Grundrechenarten kannst du **Muster** entdecken. Zahlenmuster werden auch nach bestimmten Regeln hergestellt.

Zahlenfolgen:

12, 14, 16, 18, ….., ….., ….., ….., ….., 30 — Regel: + 2

12, 3, 24, 6, 48, ….., ….., ….., 192 — Regel: : 4 · 8

Aufgaben:

128 + 14		55 · 3	
	+ 2		· 2
142 + 16		55 · 6	
	+ 2		· 2
158 + 18		55 · 12	
⋮		⋮	
268 + …..		….. · 96	

Zauberquadrat:

40	90	20	150
30	50	70	150
80	10	60	150
150	150	150	150

Zauberzahl 150

Die Zahlen einer Zeile, einer Spalte oder einer Diagonalen ergeben addiert immer 150.

Üben

1 Finde die Regel und setze die Reihen fort.

21, 28, 35, 42, ….., ….., ….., ….., ….., 84 — Regel: …………………

3, 6, 12, 24, ….., ….., …….., …….., 768 — Regel: …………………

2, 7, 5, 10, 8, ….., ….., ….., ….., ….., 17 — Regel: …………………

1 152, 576, 288, …….., …….., …….., …….., 9 — Regel: …………………

1, 6, 2, 12, 4, ….., ….., ….., ….., ….., 32 — Regel: …………………

80, 60, 72, 54, ….., ….., ….., ….., ….., 36 — Regel: …………………

864, 848, 832, …….., …….., …….., …….., 752 — Regel: …………………

176, 264, 352, …….., …….., …….., …….., 792 — Regel: …………………

50, 25, 60, 35, ….., ….., ….., ….., ….., 90 — Regel: …………………

Üben 2 Ergänze zu jeder Regel die Zahlenfolge.

Regel: Immer 50 mehr	....., ..., 160, ... , ..., ...
Regel: + 15 – 8	27, ..., ..., 49 , ..., ...
Regel: Immer die Hälfte	........, 192, ..., ..., 24, ...
Regel: · 1 + 21	........, ..., 231, ..., ..., ...
Regel: Viererreihe abwärts, Fünferreihe aufwärts	40, 5, 36, 10, ..., ..., ..., ..., 24, 25

Üben 3 Finde eigene Regeln und schreibe die Zahlenfolgen dazu auf.

Regel: ....

............, ..., ..., ..., ..., ...

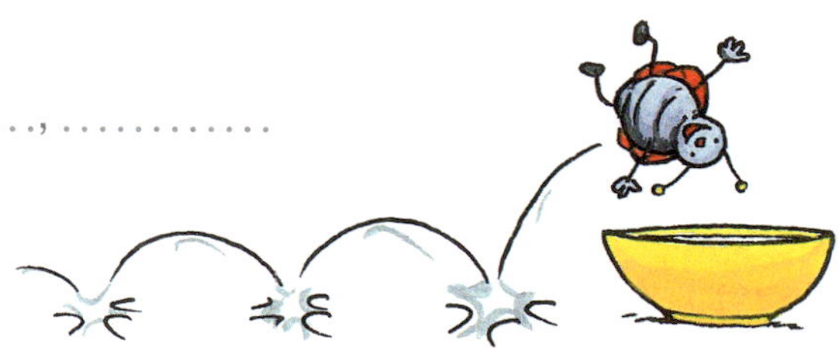

Regel: ....

............, ..., ..., ..., ..., ...

Üben 4 Welche Zahl aus den farbigen Kästchen passt in die Reihe? Schreibe sie in das leere Kästchen.

202	213	415	409			824	602	627
500	57	443	146			589	223	297
90	270	300	900			930	979	990
350	70	140	28			68	56	44

Regeln entdecken und anwenden

Üben 5 Finde zu jedem Aufgabenpäckchen das Muster. Ergänze weitere zur Regel passende Aufgaben.

21 + 34	110 + 13	490 – 165	80 – 6
32 + 35	220 + 25	488 – 161	72 – 12
43 + 36	330 + 37	486 – 157	64 – 18
....	....	....	....
....	....	....	....
....	....	....	....

Üben 6 Finde die Regel des Magischen Dreiecks heraus und trage die fehlenden Zahlen danach ein.

Magische Zahl: 20

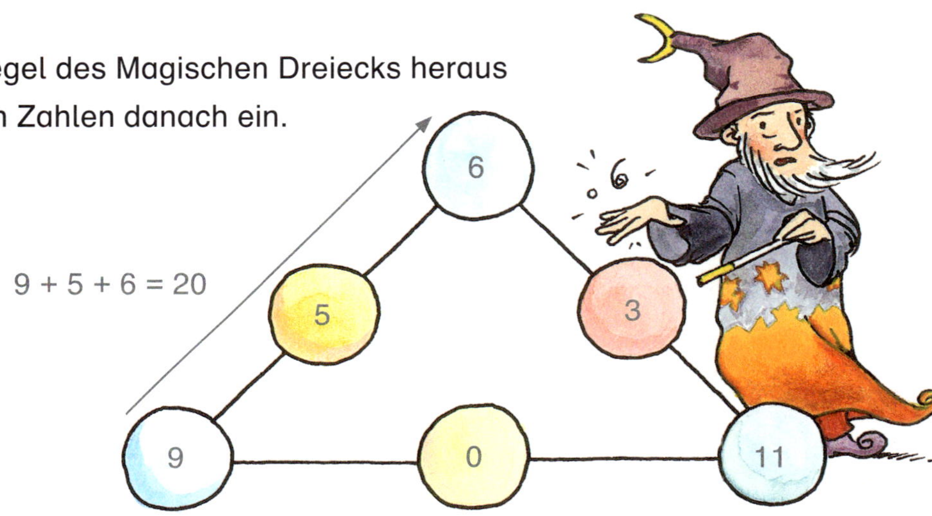

Magische Zahl: 50
Zahlen: 8, ~~11~~, 13, ~~17~~, 20, ~~22~~

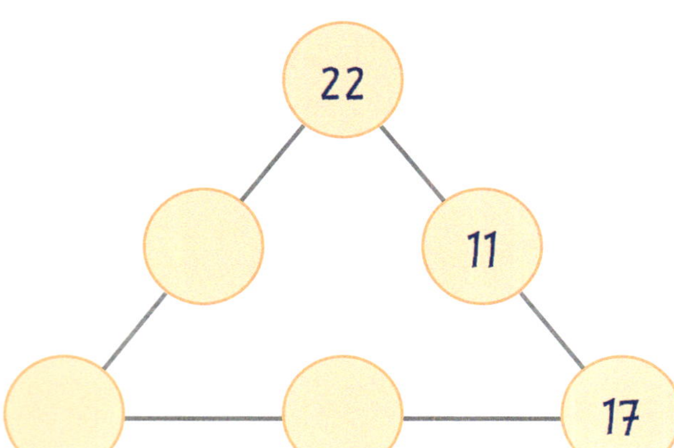

Magische Zahl: 100
Zahlen: 11, 14, 24, 27, 49, 62

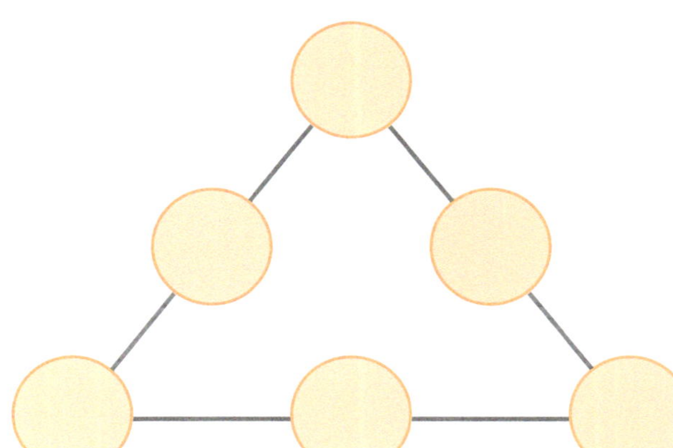

Üben 7 Finde das Muster des Zauberquadrates und ergänze die fehlenden Zahlen.

Zauberzahl: 39

14		
	13	
17	10	

Zauberzahl: 51

		20
24		
		21

Zauberzahl: .....

400		280
	300	
320		

Zauberzahl: 34

	5	9	4
		6	15
2		7	14
13			

Zauberzahl: .....

10		8	11
		11	13
6		19	
15		7	

Zauberzahl: .....

		236
	235	
234		238

Verschiedene Musterfolgen

Extrarunde

Welche Reihen haben die gleiche Folge in den Mustern?

1 ▲▲●■▲▲●■ ...
2 XXQKXXQK ...
3 Judo, Judo, Schwimmen, Tanzen, Schwimmen, Judo, Judo, Schwimmen ...
4  ...
5 ●●●●●●●● ...

Zusammenhänge erkennen

Wissen und Verstehen

Auch in Sachsituationen, in Tabellen oder in Diagrammen kannst du **Muster** und **Regeln** entdecken. Besonders oft trifft das für Sachaufgaben aus dem Bereich Messen und Größen zu.

Auf dem Markt werden Äpfel verkauft. Ein Apfel kostet 25 ct. Wie viel kosten 4 Äpfel, wie viel 9 und wie viel 12 Stück?

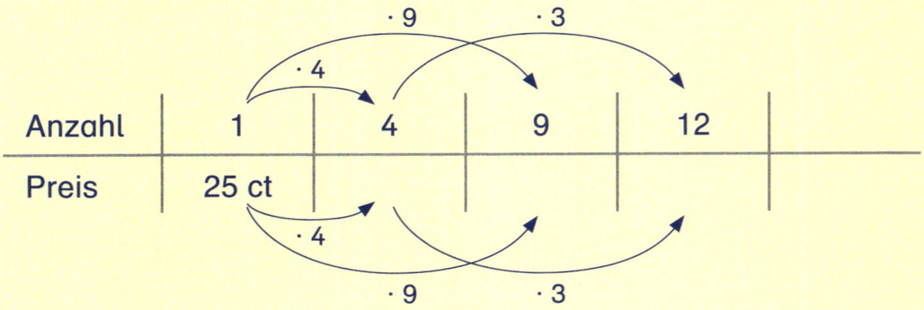

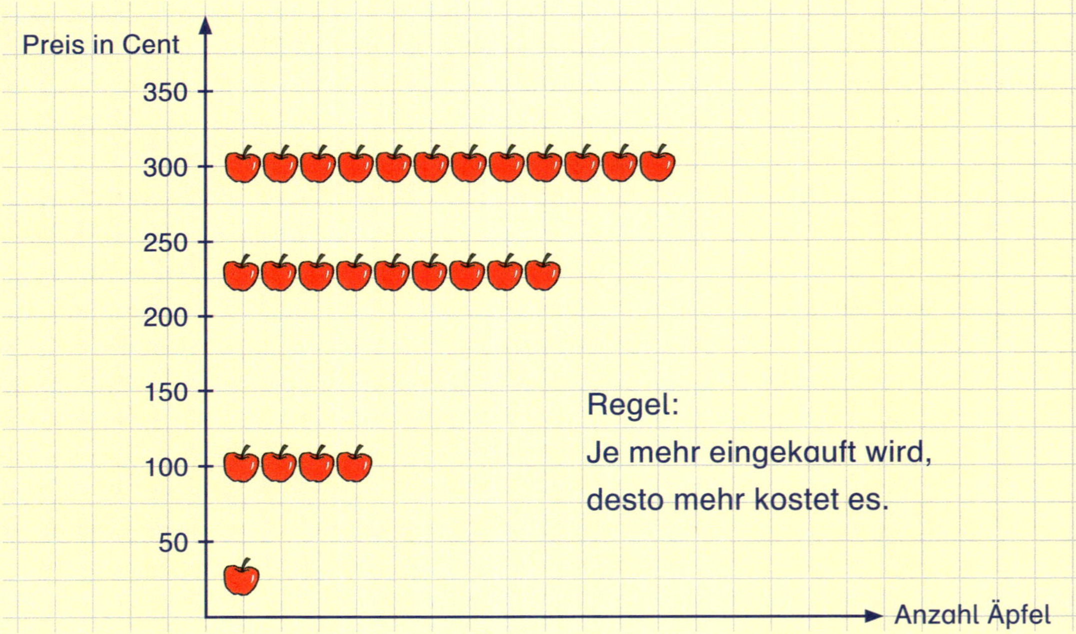

Regel:
Je mehr eingekauft wird, desto mehr kostet es.

Üben

1 Anton kauft beim Bäcker ein. Ein Brötchen kostet 32 ct.
Wie viel kosten 3, 5, 8, 10 Brötchen?

Brötchen	1	3	5	8	10
Preis	32 ct				

Üben 2 Ergänze die Preistabellen der Bäckerei.

Anzahl der Brezeln	3	6	1	
Preis	1,50 €			2,50 €

Brot in kg	500 g	1 kg	2 kg	2 500 g
Preis		3,00 €		

Üben 3 Marie besucht an ihrem Geburtstag die Zooschule. Dort erfährt sie, dass ein Gorilla in einer Woche 35 kg Obst und 21 kg Gemüse verzehrt.
Im Zoo leben vier Gorillas. Berechne die Futtermengen zuerst für einen und dann für alle Gorillas.

1 Gorilla	1 Tag	3 Tage	1 Woche	2 Wochen	1 Monat (=4 Wochen)
Obst in kg					
Gemüse in kg					

4 Gorillas	1 Tag	3 Tage	1 Woche	2 Wochen	1 Monat (=4 Wochen)
Obst in kg					
Gemüse in kg					

Für wie viele Tage reicht die angegebene Futtermenge Obst für die 4 Gorillas?

Futtermenge Obst	40 kg	120 kg	200 kg	420 kg
Tage				

Antwort: ....

Zusammenhänge erkennen

Üben 4 Rechne. Für welches Angebot sollen sich Karim und Mia entscheiden?

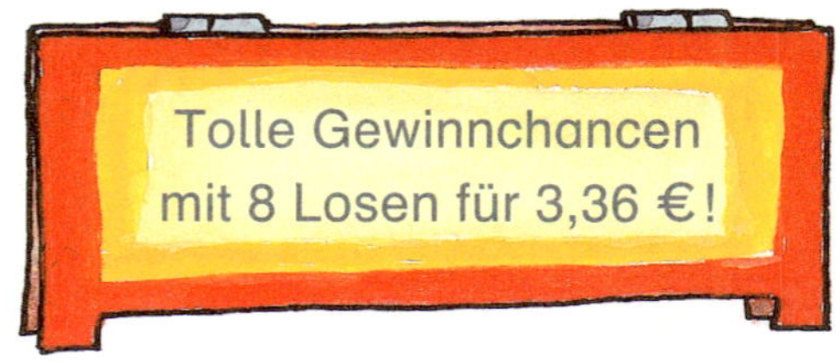

Begründung: ....

Üben 5 Der Judoverein „Schwarzer Gürtel“ benötigt dringend neue Turnmatten.
In der Werbung steht folgendes Angebot:

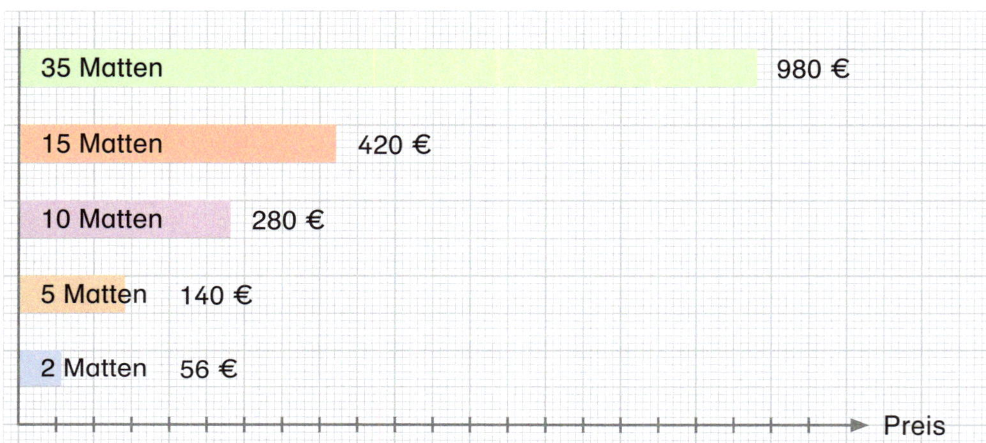

Wie viel kosten 5, 7, 9,12, 20, 25, 30 Matten?

Matten	5	7	9	12	20	25	30
Preis							

Der Verein hat 650 € zur Verfügung. Wie viele Turnmatten können davon höchstens gekauft werden?

Antwort: ....

Üben 6 Cedric entdeckt im Garten einen tropfenden Wasserhahn. Er holt seine Stoppuhr, einen Zettel und einen Bleistift und beobachtet den Hahn. Abends zeigt er seinem Vater den Zettel:

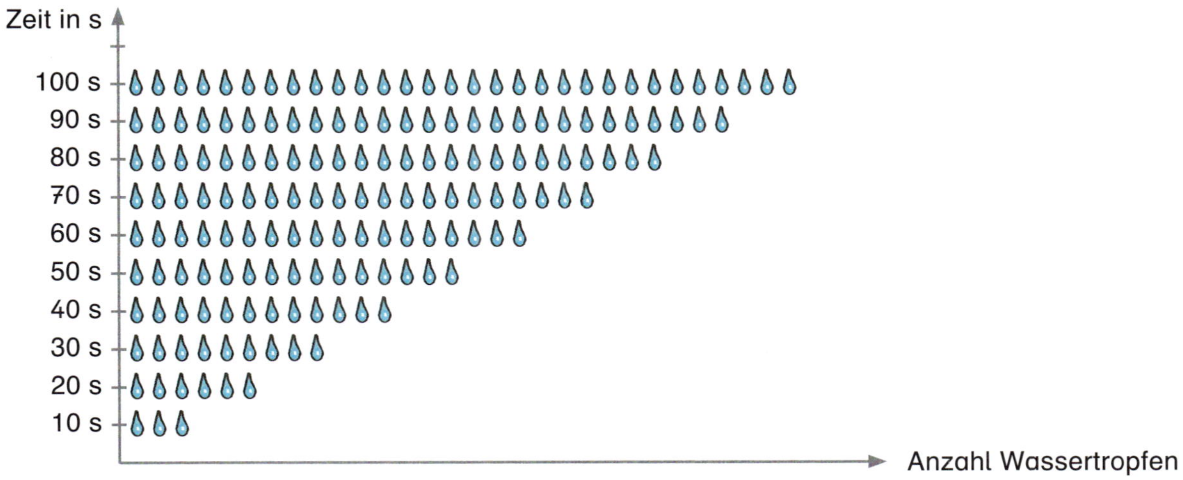

Wie viele Tropfen beobachtete Cedric? Ergänze die Tabelle.

Zeit	10 s	30 s	50 s	1 min	80 s	90 s	100 s
Tropfen							

Wie lange hat Cedric den Wasserhahn beobachtet?

Antwort: ....

Wie viele Wassertropfen wären es nach einer Stunde? Rechne aus.

Antwort: ....

Fehlersuche

Extrarunde

In der Tabelle haben sich in der unteren Zeile drei Fehler eingeschlichen. Finde sie heraus. Streiche die Fehler durch und schreibe darunter die richtige Lösung.

Anzahl	2	5	8	10	12
Preis	5,20 €	26,00 €	20,60 €	52,00 €	32,20 €

Bist du fit? Testen

Kannst du Regeln in Zahlenfolgen entdecken?

32, 80, 128, 176	Regel:	256, 64, 16, 4	Regel: ....
3, 15, 75, 375	Regel:	350, 325, 300	Regel: ....
68, 74, 80, 86	Regel:	100, 60, 260, 220, 420	Regel: ....
148, 74, 80, 40, 46	Regel:	2, 10, 20, 28, 56	Regel: ....

Überlege:

- Ist die erste Zahl kleiner als die zweite Zahl, dann ist bei der Regel das Rechenzeichen + oder ·.
- Ist die erste Zahl größer als die zweite Zahl, dann ist bei der Regel das Rechenzeichen – oder :.
- Rechne nun den Unterschied zwischen der ersten und der zweiten und der zweiten und der dritten Zahl aus.
- Ist der Unterschied gleich hoch, dann weißt du, dass die Regel + oder – ist.
- Ist der Unterschied immer wieder anders, dann weißt du, dass die Regel · oder : ist. Du musst noch die genaue Zahl durch Ausprobieren herausfinden.
- Manchmal gibt es für eine Zahlenfolge mehr als eine Vorschrift, dann musst du einfach mehrere vorgegebene Zahlen anschauen.

Schreibe die richtige Regel hinter die Zahlenfolge in der Trainingskarte.

: 4   + 6   – 25   : 2 + 6   + 8 · 2   – 40 + 200   · 5   + 48

Kannst du Regeln bei Zauberquadraten anwenden?

		4
	5	
		8

Zauberzahl: 15

400			
180	280	300	
		220	320
160		360	100

Zauberzahl: ....

Zauberzahl: ....

		18	40
38		28	
	22	30	12
10			34

		322	
12	321	217	124
	120	16	
326	15		

Zauberzahl: ....

Überlege, wie die Zauberzahl lautet:

- Du findest die Zauberzahl, indem du zuerst überprüfst, welche Spalte, Zeile oder Diagonale vollständig ausgefüllt ist. Du addierst alle vorgegebenen Zahlen. Das ist die Zauberzahl.
- Wenn du die Zauberzahl kennst und fehlende Zahlen ergänzen möchtest: Du überprüfst zuerst, in welcher Spalte, Zeile oder Diagonalen nur ein leeres Feld ist. Du addierst dann alle vorgegebenen Zahlen und subtrahierst diese von der Zauberzahl. So machst du es, bis alle Felder ausgefüllt sind.

Färbe in der Trainingskarte immer die Spalte, Zeile oder Diagonale ein, mit der du beginnst. Ergänze die Zauberquadrate.

Geldbeträge ordnen und vergleichen

Wissen und Verstehen

In vielen europäischen Ländern werden die **Geldbeträge** in Euro und Cent angegeben.

1 Euro = 100 Cent

Geldbeträge kannst du unterschiedlich aufschreiben.

4 Euro oder 4 EUR oder 4 €
7 Cent oder 7 ct
3 Euro 25 Cent oder 3 € 25 ct oder 3,25 €

Meistens werden Geldbeträge mit Komma aufgeschrieben. Das Komma trennt Euro und Cent.
So kannst du Geldbeträge in eine Stellenwerttafel eintragen:

10 Euro	1 Euro	10 Cent	1 Cent	
	2	3	5	2,35 €
1	5	4	8	15,48 €

Du kannst Geldbeträge nach ihrem Wert ordnen und auch miteinander vergleichen:
2,35 € < 15,48 €

Üben

1 Wie viel Euro sind hier abgebildet? Schreibe die Beträge auf.

.... €

.... €

Üben 2 Ergänze die leeren Felder. Ordne dann die Geldbeträge der Größe nach. Lege den Betrag mit Rechengeld.

100 €	10 €	1 €	10 ct	1 ct
	2	3	4	1
1	1	0	5	3
	8	7	6	5

....

....

54,72 €   320,94 €

23,41 € < ....

Üben 3 Wandle die Geldbeträge um und ordne sie in Kommaschreibweise nach der Größe.

386 ct			207 ct		500 ct	
3 € 86 ct	6 € 12 ct			9 € 30 ct		
3,86 €		4,98 €				3,77 €

9,30 € > ....

Üben 4 Setze >, < oder = ein.

4,20 € ◯ 4,02 €
42,00 € ◯ 402,00 €
285,00 € ◯ 28,50 €

287 ct ◯ 2 € 87 ct
7 ct ◯ 0,70 €
10 € 3 ct ◯ 130 ct

220 ct ◯ 22,00 €
303 ct ◯ 3,03 €
1 000 ct ◯ 1 000 €

Rechnen mit Geld

Wissen und Verstehen

Geldbeträge kannst du **addieren, subtrahieren, multiplizieren** und **dividieren.** Wichtig ist, dass die Geldbeträge in der gleichen Maßeinheit stehen. Deshalb musst du manchmal zuerst einen Betrag in eine andere Einheit umwandeln: von Euro in Cent oder von Cent in Euro.

Beim **schriftlichen Addieren** und **Subtrahieren** musst du die Geldbeträge stellengerecht untereinanderschreiben. Es müssen alle Kommas untereinanderstehen.

39,45 € + 6,78 € = **?**

	3	9,	4	5	€
+		6,	7	8	€
	1	1	1		
	4	6,	2	3	€

208,43 € – 35,27 € = **?**

	2	0	8,	4	3	€
–		3	5,	2	7	€
	1			1		
	1	7	3,	1	6	€

Beim **halbschriftlichen Multiplizieren** mit Geldbeträgen in Kommaschreibweise multiplizierst du die Eurobeträge und die Centbeträge getrennt in Teilschritten. Beim **halbschriftlichen Dividieren** mit Geldbeträgen in Kommaschreibweise ist es sinnvoll, die Beträge in Cent umzuwandeln.

7 · 4,10 € = **?**	
7 · 4 €	= 28 €
7 · 10 ct	= 70 ct
28 € + 70 ct	= **28,70 €**

4,38 € : 6 = **?**	
438 ct : 6 =	73 ct
420 ct : 6 =	70 ct
18 ct : 6 =	3 ct

Üben

1 Überschlage zuerst. Rechne danach schriftlich aus.

Ü: ....

538,75 € + 658 ct = ...

Ü: ....

963,04 € – 27 € 63 ct = ...

Üben 2

Überschlage zuerst. Multipliziere danach in Teilschritten.

Ü: .... Ü: ....

8 · 23,48 € = ... 82 € 74 ct · 3 = ...

Üben 3

Berechne die fehlenden Geldbeträge.

Geschäft	1 Ball	2 Bälle	3 Bälle	5 Bälle	8 Bälle	9 Bälle
Sportgeschäft „Fit“			1,89 €			
Sportgeschäft „Sprint“				2,55 €		

In welchem Sportgeschäft sind die Bälle billiger?

Antwort: ....

....

Vögel gesucht

Extrarunde

Ein Vogelpark baut eine neue große Vogelvoliere, in der 100 Vögel Platz haben.
Es werden Sittiche, Wellensittiche und Kanarienvögel dafür eingekauft.
Für die 100 Vögel stehen nur 600 € zur Verfügung. Das günstigste Angebot ist:
1 Sittich für 12 €, 1 Wellensittich für 8 € und 1 Kanarienvogel für 4 €.
Wie viele Sittiche und Kanarienvögel wurden gekauft, wenn 14 der 100 Vögel Wellensittiche sind?

Kleine und große Maßeinheiten anwenden

Wissen und Verstehen

Bei **Längen** gibt es unterschiedliche Maßeinheiten. Sie werden auch Längeneinheiten genannt.
Die gebräuchlichsten Längeneinheiten sind: Kilometer (km), Meter (m), Zentimeter (cm) und Millimeter (mm).

Große Entfernungen werden in Kilometern gemessen. **1 km = 1 000 m**
Kleine Längen werden in Millimetern gemessen. **1 m = 100 cm**
1 cm = 10 mm

So kannst du Längen in eine Stellenwerttafel eintragen:

1 km	100 m	10 m	1 m	
	3	7	4	374 m
1	2	9	1	1 291 m

Längen kannst du unterschiedlich notieren.
Das Komma trennt Meter und Zentimeter.

1 m	10 cm	1 cm	
1	4	2	142 cm = 1 m 42 cm = 1,42 m

Üben

1 Welche Länge passt zu welchem Gegenstand oder Tier? Verbinde.

100 m   16 cm   4 m

15 mm   9 cm

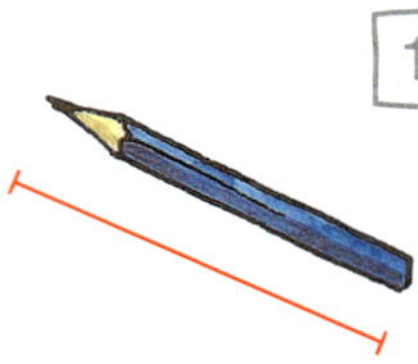

ben 2 Trage die Längen der Schulwege der Kinder in die Tabelle ein.

Vigo: 235 m | Karl: 3 km 306 m | Kati: 1 km 500 m

Mattis: 980 m | Leonie: 744 m | Linh: 598 m

Name	1 km	100 m	10 m	m	Länge in m
Vigo		2	3	5	235
Karl					
Kati					
Mattis					
Leonie					
Linh					

Den längsten Schulweg hat ....

Den kürzesten Schulweg hat ....

ben 3 Beim Hochsprung erreichten die Kinder unterschiedliche Höhen.
Trage die Höhen in die Tabelle ein und fülle die Siegerliste aus.

Vigo: 1 m 2 cm | Karl: 98 cm | Kati: 111 cm

Mattis: 1 m 9 cm | Leonie: 99 cm | Linh: 1,20 m

Name	1 m	10 cm	1 cm

Hochsprung-Wettbewerb

1. ....
2. ....
3. ....
4. ....
5. ....
6. ....

Kleine und große Maßeinheiten anwenden

Üben 4 Wandle die Längen um. Ordne sie in Kommaschreibweise nach der Größe.

4 m 26 cm		1 m 8 cm			5 m 66 cm	
4,26 m	8,83 m			7,01 m		
426 cm			930 cm			64 cm

.... > .... > .... > .... > .... > .... > ....

Üben 5 Miss die Längen mit dem Lineal und schreibe sie auf.

....

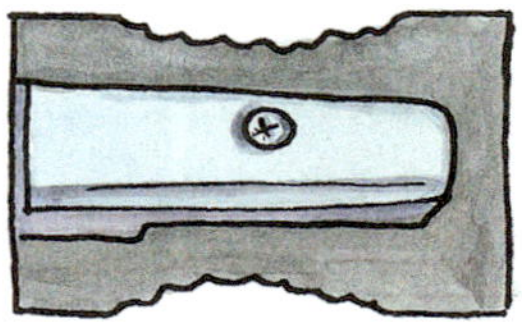

....

Üben 6 Zeichne die Längen. Benutze das Lineal.

2,7 cm:

57 mm:

0,8 cm:

3 cm 9 mm:

40 mm:

Wissen und Verstehen

Zahlen mit Längenangaben kannst du **addieren, subtrahieren, multiplizieren** und **dividieren.** Wichtig ist, dass alle Längen in der gleichen Maßeinheit stehen. Deshalb musst du manchmal zuerst in die gleiche Maßeinheit umwandeln.

Beim **schriftlichen Addieren** und **Subtrahieren** musst du die Längenangaben stellengerecht untereinanderschreiben. Es müssen alle Kommas untereinanderstehen.

8,38 m + 3,24 m = **?**

		8,	3	8	m
+		3,	2	4	m
			1		
	1	1,	6	2	m

13,43 m – 7,21 m = **?**

	1	3,	4	3	m
–		7,	2	1	m
	1				
		6,	2	2	m

Üben

1 Überschlage zuerst. Rechne danach schriftlich aus.

Ü: ....

373 m + 4 m 89 cm = ...

Ü: ....

85,22 m – 54 m 8 cm = ...

Ü: ....

195,3 m · 5 = ...

Ü: ....

6 · 36 cm 7 mm = ...

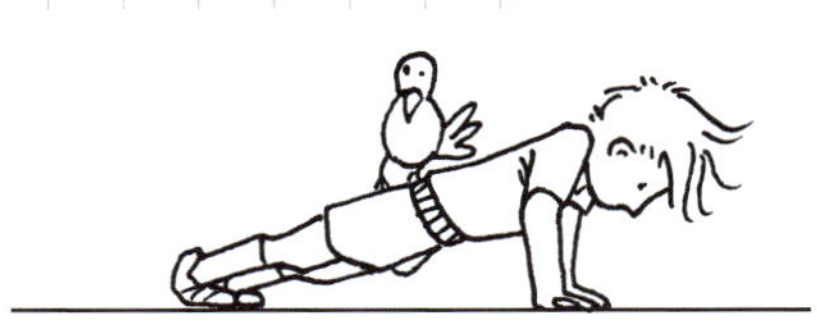

Rechnen mit Kommazahlen

Üben 2 Löse die Aufgaben.

8,10 m : 9 = ...	0,66 m : 6 = ...
2,5 cm : 5 = ...	0,49 m : 7 = ...
5,60 m : 8 = ...	0,60 m : 5 = ...
3,50 m : 7 = ...	7,20 m : 9 = ...
4,20 m : 6 = ...	0,16 m : 4 = ...

Üben 3 Ergänze die Rechenhäuser.

1 m

56,9 cm	43,1 cm
	33,3 cm
80,5 cm	
	8,99 cm
0,5 cm	
	$\frac{1}{2}$ m

1 km

874,9 m	125,1 m
	555,5 m
0,5 km	
	79,6 m
300 cm	
	1 000 m

Üben 4 Setze <, > oder = ein.

4 m 40 cm ◯ 44 m	878 mm ◯ 90 cm	6,70 m ◯ 670 cm
3,75 m ◯ 375 mm	90 mm ◯ 9 cm	1 km ◯ 100 m
1,3 km ◯ 130 m	20 m ◯ 20 km	842 m ◯ 8,42 m
381 cm ◯ 3,81 m	59 mm ◯ 5,9 km	2 km ◯ 200 mm

ben 5 Thomas möchte für seine fünf Hasen einen Auslauf bauen.
Er zeichnet dafür eine Skizze:

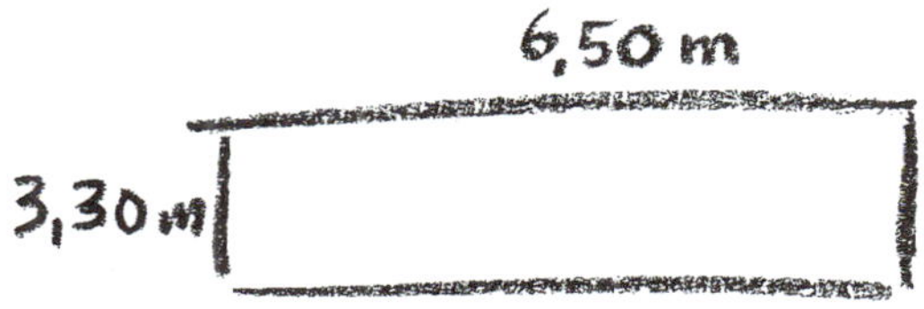

Er plant, den Auslauf zur Sicherheit 3-fach mit Draht zu umspannen.
Zum Festmachen benötigt Thomas zusätzlich 90 cm Draht.
In der Garage findet er eine 50-Meter-Rolle.
Reicht die Rolle oder muss Thomas noch weiteren Draht kaufen?

Rechnung:

Antwort: ....

Aus drei mach eins

Extrarunde

Annika, Svenja und Maike wollen sich ein langes Springseil basteln.
Sie knoten ein 89 cm, ein 1,67 m und ein 2 m langes Stück zusammen.
Für die Knoten brauchen sie jeweils 15 cm. Nach dem Zusammenknoten machen sie noch an jedem Ende einen dicken Knoten zum Anfassen. Für jeden Knoten brauchen sie 18 cm. Wie lang ist das Springseil nach dem Zusammenknoten?

Gewichte ordnen und vergleichen

Wissen und Verstehen

Bei **Gewichten** gibt es unterschiedliche Maßeinheiten. Die gebräuchlichsten Maßeinheiten sind:
Tonne (t), Kilogramm (kg) und Gramm (g).

1 t = 1 000 kg
1 kg = 1 000 g

So kannst du Gewichte in einer Stellenwerttafel notieren:

1 kg	100 g	10 g	1 g	
4	2	5	0	4 kg 250 g = 4,250 kg
5	0	7	5	5 kg 75 g = 5,075 kg

Gewichtsangaben kannst du gut miteinander vergleichen, wenn sie in der gleichen Maßeinheit stehen. Deshalb musst du manchmal zuerst umwandeln, bevor du Gewichtsangaben miteinander vergleichen kannst.

6 kg 50 g   3,255 kg   6 kg 50 g = 6,050 kg   6,050 kg > 3,255 kg
oder 3,255 kg = 3 kg 255 g   6 kg 50 g > 3 kg 255 g

Üben

1 Ordne die passenden Gewichte zu.

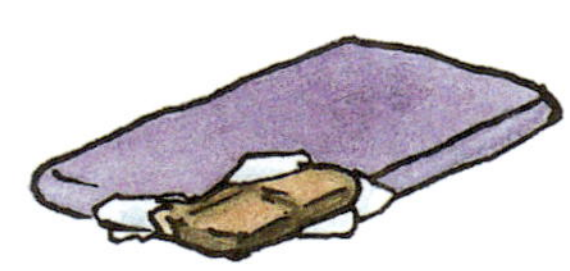

100 g   700 kg   1 t   1 kg   80 kg   4 t   20 g   250 kg

Üben 2 Ergänze die Stellenwerttafel und ordne die Gewichte nach der Größe.

	1 kg	100 g	10 g	1 g
7 kg 328 g	7	3	2	8
1 kg 20 g				
753 g				
3,734 kg				
9 kg 800 g				
5 kg 5 g				
4,222 kg				
6 kg				
8,169 kg				

753 g < ....

....

Üben 3 Wandle um. Schreibe die Gewichte mit Komma auf.

8 kg 400 g = 8,400 kg

5 kg 521 g = ...

9 kg 200 g = ...

3 kg 44 g = ...

772 g = ...

4 kg 8 g = ...

999 g = ...

1 kg 10 g = ...

2 kg 624 g = ...

12 g = ...

Üben 4 Setze <, > oder = ein.

3 kg 500 g ◯ 350 g

1 kg 456 g ◯ 1,450 kg

0,025 kg ◯ 25 g

1,068 kg ◯ 128 kg

650 g ◯ 65 g

1 kg 20 g ◯ 120 kg

22 g ◯ 2 kg

450 g ◯ 1 kg

0,352 kg ◯ 500 g

Gewichte ordnen und vergleichen

Üben 5 Ordne die Gewichtsangaben von schwer bis leicht.

Üben 6 Ergänze die fehlenden Angaben.

1 kg	
726 g	
	500 g
30 g	
	9 g
409 g	
	1 000 g
75 g	
	1 g

1 t	
333 kg	
	60 kg
1 000 g	
	500 kg
901 kg	
	1 kg
200 kg	
	5 kg

Wissen und Verstehen

Gewichte kannst du **addieren, subtrahieren, multiplizieren** und **dividieren.**
Beachte: Du kannst nur mit Angaben rechnen, die in der gleichen Maßeinheit stehen.

4 kg 512 g + 1 234 g = **?**
4 kg 512 g + 1 kg 234 g = **?**

	4	kg	5	1	2	g
+	1	kg	2	3	4	g
	5	kg	7	4	6	g

1 t – 513 kg = **?**
1 000 kg – 513 kg = **?**

	1	0	0	0	kg
–		5	1	3	kg
	1	1	1		
		4	8	7	kg

Üben

1 Überschlage zuerst. Rechne dann schriftlich.

Ü: ....

2 kg 427 g + 964 g = ...

Ü: ....

7 kg 403 g + 4 kg 19 g = ...

Ü: ....

1 t – 57 kg = ...

Ü: ....

8 kg 428 g – 1 kg 925 g = ...

Rechnen mit Gewichten

Üben 2 Berechne das Gewicht der einzelnen Früchte.

1 Apfel wiegt ungefähr .... 1 Nuss wiegt ungefähr ....

1 Tomate wiegt ungefähr .... 1 Banane wiegt ungefähr ....

Üben 3 Nils braucht 1 kg Nüsse. Wie viele einzelne Nüsse sind das ungefähr?

Rechnung:

Antwort: ....

Üben 4 Jule kauft 3 Äpfel, 5 Tomaten und 6 Bananen. Ihr Korb wiegt leer 440 g. Wie schwer muss sie tragen? Rechne mit den Angaben aus Üben 2.

Rechnung:

Antwort: ....

Üben 5 Emma und Max wollen Waffeln backen. Laut Rezept brauchen sie für acht Waffeln: 150 g Butter, 80 g Zucker, 2 Eier, 180 g Mehl, 1 Teelöffel Backpulver und 1 Prise Salz.

Die Kinder wollen die doppelte Menge Waffeln backen. Wie verändern sich die Zutaten? Berechne auch die Zutaten für die halbe Menge.

	Butter	Zucker	Eier	Mehl	Backpulver	Salz
16 Waffeln						
4 Waffeln						

Üben 6 Eine Tüte Gummibärchen wiegt 300 g. 3 Gummibärchen wiegen 6 g. Wie viele sind in einer Tüte?

Rechnung:

Antwort: ....

Bälle wiegen

Extrarunde

Jeder kleine grüne Ball wiegt 50 g. Wie schwer ist der große blaue Ball?

Zeitmaße umwandeln

Wissen und Verstehen

Die **Zeitdauer** und **Zeitspannen** können in verschiedenen Einheiten gemessen werden: Jahr, Monat, Tag, Stunde (h), Minute (min) oder Sekunde (s).

1 Jahr = 12 Monate = 365 Tage oder 366 Tage
1 Monat dauert zwischen 28 und 31 Tagen.
1 Woche = 7 Tage
1 Tag = 24 Stunden
1 Stunde = 60 Minuten
1 Minute = 60 Sekunden

Manchmal ist es wichtig, von einer größeren in eine kleinere Einheit umzuwandeln:

Von Stunden in Minuten oder von Minuten in Sekunden:
4 h 40 min = 4 · 60 min + 40 min = 240 min + 40 min = 280 min
5 min 13 s = 5 · 60 s + 13 s = 300 s + 13 s = 313 s

Üben

1 Lies von der Stoppuhr ab, wie viele Sekunden die Kinder zum Laufen gebraucht haben. Schreibe die Zeiten auf.

Tobi: .... s   Emma: .... s   Leon: .... s   Susa: .... s

So lange haben die anderen Kinder für die Strecke gebraucht:

Mika: 1 min 4 s   Anni: 57 s   Sibel: 1 min 10 s   Katinka: 1 min

Ordne alle Zeiten:

39 s < ....

Zeitmaße umwandeln

Üben 2 Wandle um.

min ⇄ s	
5 min	
	360 s
14 min	
	720 s
7 min 55 s	
	600 s
16 min 40 s	

h ⇄ min	
8 h	
	420 min
$\frac{1}{2}$ h	
	900 min
9 h 17 min	
	200 min
6 h 41 min	

Üben 3 Ergänze die Sätze.

1 Jahr hat .... Monate. 1 halbes Jahr hat .... Monate.

2 Jahre 4 Monate sind .... Monate.

60 Monate sind .... Jahre.

14 Tage sind .... Wochen. 56 Tage sind .... Wochen.

10 Wochen 3 Tage sind .... Tage.

Üben 4 Ordne die Zeitangaben nach der Größe.

30 min | 28 h | 23 Monate | 2 Jahre | 100 s | 3 Wochen | $\frac{1}{2}$ Tag | $\frac{3}{4}$ h

.... < .... < .... < .... < .... < .... < .... < ....

Zeitspannen und Zeitpunkte bestimmen

Wissen und Verstehen

Mit einem Pfeilbild oder mit einem Rechenstrich ist es ganz einfach, die **Zeitspanne** oder die **Zeitdauer** oder die **Zeitpunkte** auszurechnen.

15.25 Uhr
Zeitpunkt

+ 2 h 50 min →
Zeitdauer oder Zeitspanne

18.15 Uhr
Zeitpunkt

+ 2 h + 50 min

15.25 Uhr — 17.25 Uhr — 18.15 Uhr

Üben 1

Wie viel Zeit ist vergangen? Löse mit Pfeilbildern.

→ .... h .... min

→ .... h .... min

→ .... h .... min

Üben 2

Ergänze die fehlenden Angaben zu den Wettbewerben am Sportfest.

Sportart	Weitsprung	Kugelstoßen	Hochsprung	10-km-Lauf
Beginn	8.45 Uhr	9.10 Uhr		
Dauer	2 h 35 min		3 h 38 min	49 min
Ende		10.55 Uhr	13.15 Uhr	14.30 Uhr

Zeitspannen und Zeitpunkte bestimmen

ben 3 Karim fährt mit dem Rad ins Stadion. Nach 6 Minuten Fahrt fällt ihm ein, dass er seine Turnschuhe vergessen hat. Er muss wieder umkehren. Eigentlich braucht er für die Fahrt 27 Minuten. Wie lange braucht er dieses Mal?

Rechnung/Pfeilbild:

Antwort: ....

ben 4 Florian möchte bereits eine halbe Stunde vor Beginn des Weitsprungwettbewerbs im Stadion sein. Der Wettbewerb beginnt um 8.45 Uhr. Florian muss vorher noch 8 Minuten zur Haltestelle laufen. Der Bus Nummer 7 braucht bis zum Stadion 13 Minuten. Er fährt immer zur vollen Stunde ab.
Wann muss Florian von zu Hause los?

Rechnung/Pfeilbild:

Antwort: ....

Zu früh oder zu spät?

Extrarunde

Carlo hat sich mit Susi am Stadion verabredet. Sie wollen sich genau um 15.00 Uhr treffen. Carlos Uhr geht aber falsch. Er glaubt, dass sie 10 Minuten nachgeht. Deshalb ist er nach seiner Uhr um 14.50 Uhr am Stadion, damit er pünktlich ist. Aber Susi ist nicht da. Ist sie noch nicht da oder vielleicht schon wieder weg? Carlos Uhr geht aber nicht nach, sondern 15 Minuten vor. Wie spät ist es in Wirklichkeit?

Bist du fit? Testen

Kannst du die richtige Maßeinheit zuordnen?

Wandas Schulranzen ist 8 .... schwer.

Das Lineal im Mäppchen ist 16 .... lang.

Beim Sportfest warf Seraph den Schlagball 24 .... weit.

Eine Büroklammer ist 25 .... lang.

Die Banane wiegt etwa 70 ....

Lisa bekommt 5 .... Taschengeld in der Woche.

Marks Schulweg ist 3 .... lang. Er braucht dafür 45 ....

Ein Lutscher kostet 25 ....

Der Klavierunterricht dauert immer 1 ....

Überlege, welche Maßeinheit zu einer bestimmten Aussage passt.

- Wenn du fragen kannst: Wie lang, wie breit, wie hoch oder wie weit etwas ist, dann geht es um Längen.
- Wenn du fragen kannst: Wie schwer etwas ist oder was etwas wiegt, dann geht es um Gewichte.
- Wenn du fragen kannst: Wie teuer etwas ist, dann geht es um Geld.
- Wenn du fragen kannst: Wie lange etwas dauert, dann geht es um Zeit.

- Wenn du den Bereich erkannt hast, wählst du die passende Maßeinheit.
- Jetzt musst du noch überprüfen, ob die Maßeinheit stimmt oder ob du eine zu große oder zu kleine Einheit gewählt hast.

Setze die richtigen Maßeinheiten in die Trainingskarte ein.

cm	h	ct	kg	min	m
€	g	mm	km		

Testen Bist du fit?

Kannst du Maßeinheiten umwandeln?

900 ct = ... €	5 cm = ... mm	6 m = ... cm
63 ct = ... €	365 g = ... kg	6,5 m = ... cm
1 kg = ... g	726 ct = ... €	720 g = ... kg
400 cm = ... m		

Überlege:

- Hast du bei Geldbeträgen daran gedacht, dass 1 Euro 100 Cent sind?
- Hast du bei Längen daran gedacht, dass 10 Millimeter 1 Zentimeter, 100 Zentimeter 1 Meter und 1 000 Meter ein Kilometer sind?
- Hast du bei Gewichten daran gedacht, dass 1 000 Gramm ein Kilogramm und 1 000 Kilogramm 1 Tonne sind?
- Hast du daran gedacht, dass die Zahl größer wird, wenn du in eine kleinere Einheit umwandelst?
- Hast du daran gedacht, dass die Zahl kleiner wird, wenn du in eine größere Einheit umwandelst?

Schreibe die richtigen Ergebnisse in die Aufgaben in der Trainingskarte.

0,90 €	72,60 €	65 cm	90 €	0,63 €	600 cm	7,26 €	
0,5 km	9 €	7 kg 20 g	50 mm	3,65 kg	6,30 €	0,720 kg	
650 cm	4 m	500 mm	0,365 kg	100 g	5 mm	40 m	1 000 g

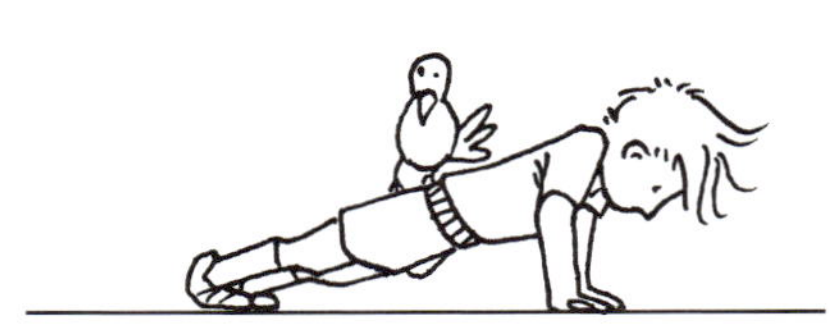

Daten in Pfeilbilder übertragen

Wissen und Verstehen

Daten können in Schaubilder, wie Pfeilbilder, Tabellen oder Diagramme, übertragen oder aus ihnen abgelesen werden.
Häufig kommen Daten in Sachaufgaben vor, die in Textform geschrieben sind. Die Texte musst du dann besonders genau lesen.
Schaubilder helfen, die Daten auf einen Blick zu erfassen und Rechenwege zu verdeutlichen.

Pfeilbilder als Schaubilder kommen meistens bei Aufgaben vor, bei denen mit Zeiteinheiten gerechnet wird.

Ein Schwimmwettbewerb beginnt morgens um 9.00 Uhr und endet um 16.30 Uhr. Wie lange dauerte er?

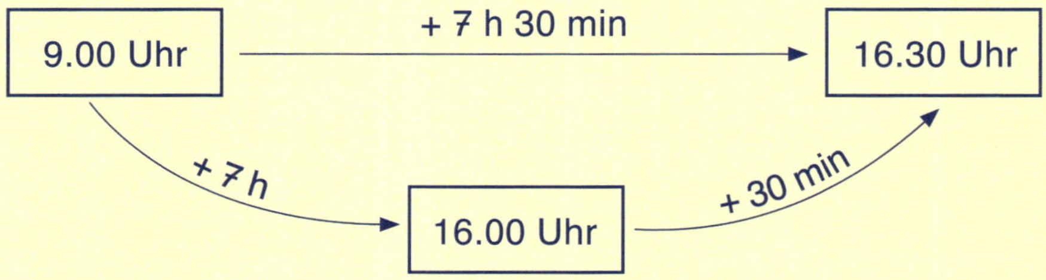

Üben

Pepe und Fridolin gehen mit ihren Freunden ins Schwimmbad.
Sie treffen sich um 10.15 Uhr. Mit den Fahrrädern brauchen sie 20 Minuten bis ins Bad.
Um 17.10 Uhr sind sie wieder zu Hause.
Wie lange waren die Freunde tatsächlich im Schwimmbad?
Löse die Aufgabe mit einem Pfeilbild.

Rechnung/Pfeilbild:

Antwort: ....

Wissen und Verstehen

Tabellen als Schaubilder sind bei allen möglichen Aufgaben zu finden, weil sich Daten in ihnen sehr übersichtlich darstellen lassen.

Anzahl Tiere	Anzahl Katzen	Anzahl Hunde
𝍸 𝍸 𝍸 𝍸 𝍸 𝍸 𝍸 II	𝍸 𝍸 𝍸 I	𝍸 𝍸 𝍸 𝍸 I

$1 \xrightarrow{\cdot 3} 3 \xrightarrow{\cdot 3} 9$, $1 \xrightarrow{\cdot 9} 9$

Stück	1	3	9
Preis	30 ct	90 ct	270 ct

$30\text{ ct} \xrightarrow{\cdot 3} 90\text{ ct} \xrightarrow{\cdot 3} 270\text{ ct}$, $30\text{ ct} \xrightarrow{\cdot 9} 270\text{ ct}$

Üben 1

Die Klasse 3a wählt ihren Klassensprecher. Jedes Kind hat zwei Stimmen.

Anna: 𝍸 𝍸 IIII
Jonas: 𝍸 III
Paul: 𝍸 𝍸
Greta: 𝍸 IIII
Manuel: 𝍸 𝍸 𝍸 II

Klassensprecher wird ....

In die Klasse gehen .... Kinder.

Üben 2

Ergänze die Tabelle.

Anzahl Kinder	5	25	70			300	700	1 000
Mannschaften	1			19	25			

Daten in Diagramme übertragen und umgekehrt

Wissen und Verstehen

Auch in **Diagrammen** werden Daten dargestellt. Vielfältige Informationen können aus Diagrammen auf einen Blick abgelesen werden.

In einem Schwimmverein sind 10 Kinder in einer Schwimmfördergruppe. 15 Kinder sind Nichtschwimmer und 30 Kinder sind Schwimmer, aber nicht in der Schwimmfördergruppe.

Säulendiagramm:

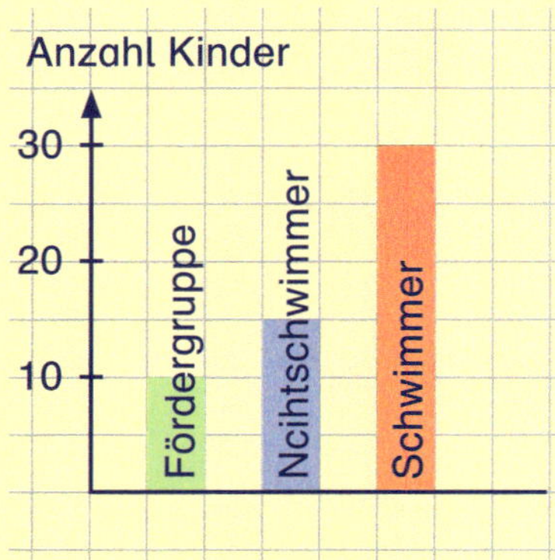

Balkendiagramm:

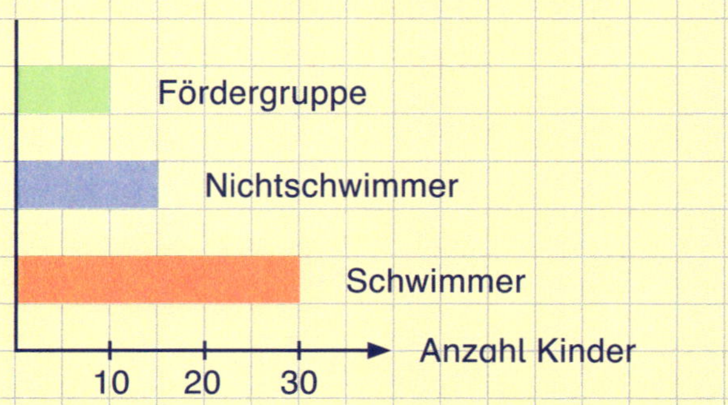

Streifendiagramm:

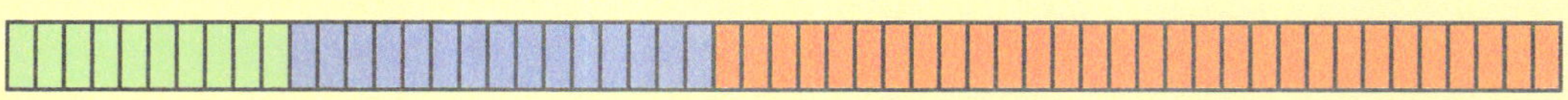

Üben

1 Die Klasse 3c wählt ihren liebsten Schwimmstil.
Übertrage die Informationen aus dem Balkendiagramm in ein Streifendiagramm.

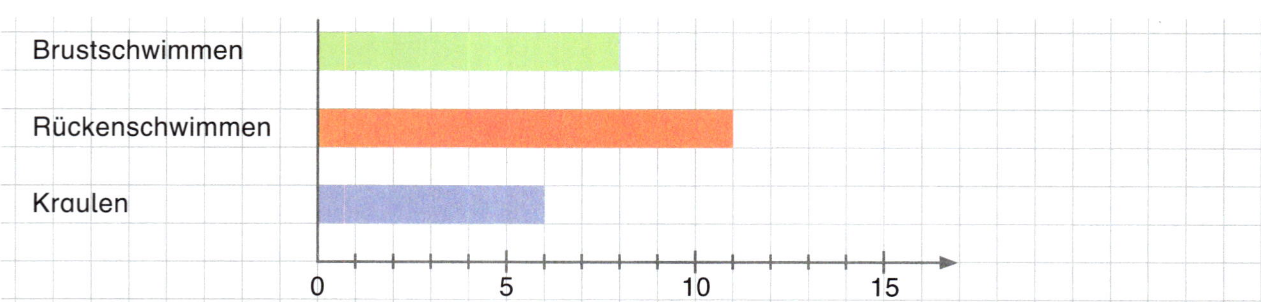

Streifendiagramm:

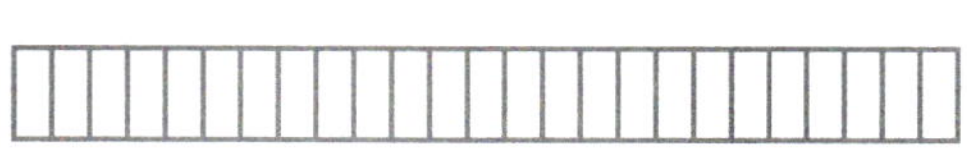

Der beliebteste Schwimmstil ist ....

ben 2 Dieses Säulendiagramm zeigt die durchschnittliche Sonnenscheindauer in Mannheim.

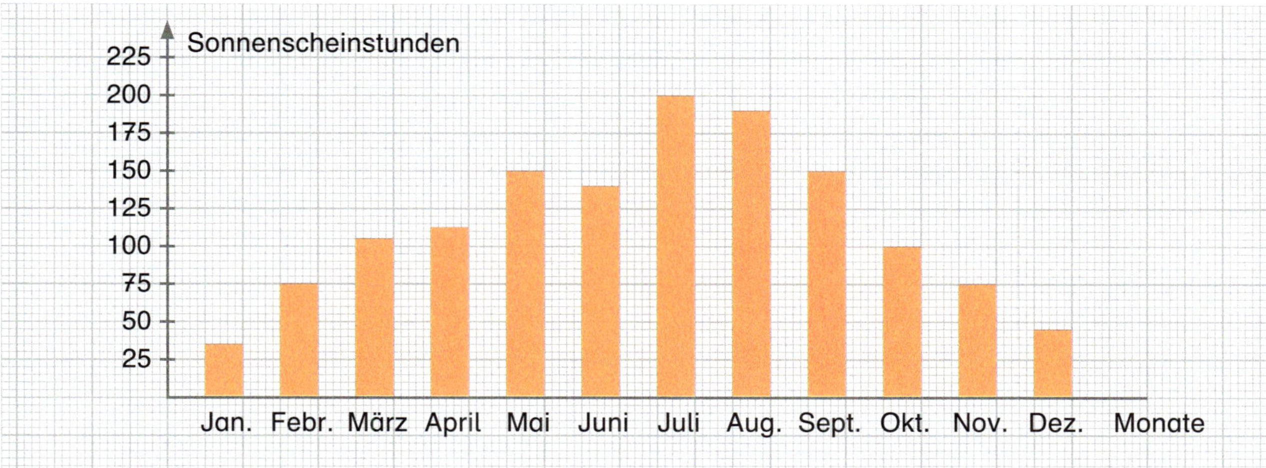

Im Monat .... scheint die Sonne am häufigsten.

Im Monat .... scheint die Sonne am kürzesten.

Welche Monate haben ungefähr die gleiche Anzahl an Sonnenscheinstunden?

....

Alter gesucht

Extrarunde

Meike, Vivi, Sarah, Kim und Annika sind Kusinen. Meike ist 10 Jahre alt und 4 Jahre älter als Vivi. Sarah ist 2 Jahre älter als Vivi und 4 Jahre jünger als Kim. Annika ist halb so alt wie Sarah.

Welche Säule passt zu welchem Kind? Schreibe die Namen dazu.

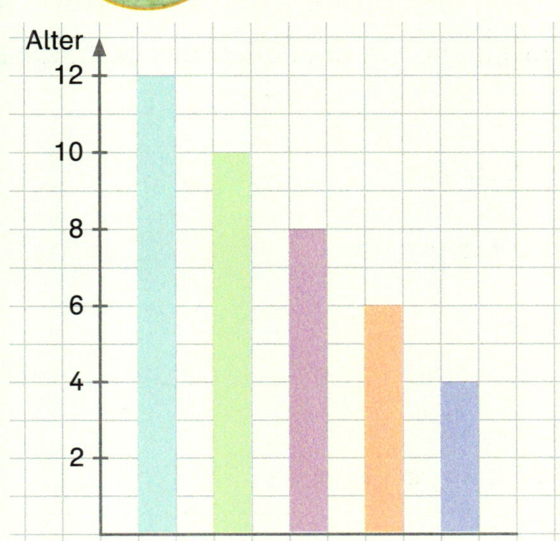

Wahrscheinlichkeiten voraussagen

Wissen und Verstehen

Bei **Zufallsexperimenten** kann das Ergebnis nicht sicher vorausgesagt werden. Es gibt aber Experimente, bei denen das Ergebnis mit einer gewissen Wahrscheinlichkeit vorausgesagt werden kann, weil es Möglichkeiten gibt, die häufiger zutreffen. Zu den Zufallsexperimenten gehören z. B. Aufgaben mit Würfeln, das Münzenwerfen, Streichhölzerziehen, Loseziehen …

Marvin und Tiago spielen mit 2 Würfeln. Sie addieren die Augensummen. Marvin bekommt immer einen Punkt, wenn eine gerade Summe gewürfelt wurde, und Tiago bei einer ungeraden Summe. Sie würfeln 20-mal. Wer wird wohl gewinnen?

Die Wahrscheinlichkeit, dass Marvin gewinnt, ist höher, da es wahrscheinlicher ist, dass die Summe gerade ist. Das lässt sich auch in einer Tabelle darstellen.

+	⚀	⚁	⚂	⚃	⚄	⚅
⚀	2	3	4	5	6	7
⚁	3	4	5	6	7	8
⚂	4	5	6	7	8	9
⚃	5	6	7	8	9	10
⚄	6	7	8	9	10	11
⚅	7	8	9	10	11	12

- weiß: Tauschaufgaben, z. B. 3 + 2 = 2 + 3
- grün: gerade Summen, z. B. 4, 6, …
- orange: ungerade Summen, z. B. 3, 5, …

Üben

1 Würfle mit zwei Würfeln. Vermute und kreuze an, welche der Augensummen du am häufigsten würfeln wirst. Vergleiche dann mit dem tatsächlichen Ergebnis.

Augensummen	1	2	3	4	5	6
Vermutung						
Ergebnis						

Üben 2 Samuel hat einen Beutel mit 10 roten, 10 blauen und 10 gelben Murmeln.
Er nimmt nacheinander zwei Murmeln aus dem Beutel.
Welche zwei Murmeln könnten das sein? Vervollständige das Baumdiagramm.

1. Murmel

2. Murmel

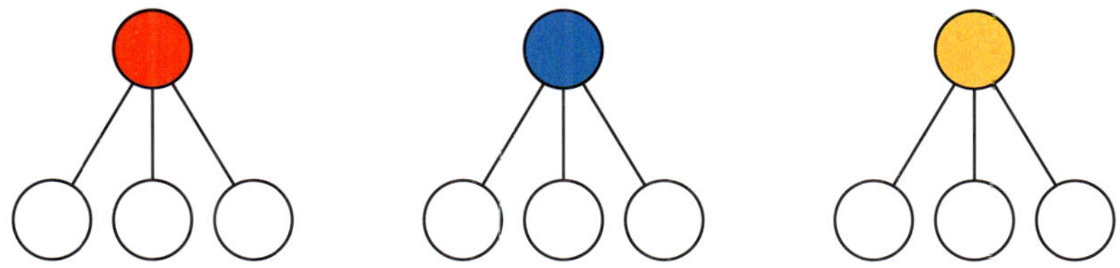

Es gibt .... Möglichkeiten.

Üben 3 Spiele mit einem Kind oder einem Erwachsenen „17 verliert".
Lege dazu 17 Streichhölzer auf einen Haufen. Abwechselnd muss jeder Spieler ein, zwei oder drei Streichhölzer davon in eine Reihe legen.
Wer das letzte der 17 Streichhölzer nehmen muss, hat verloren.

Es gibt einen Trick, wie man ganz sicher gewinnen kann. Findest du ihn heraus?

Klug entscheiden

Extrarunde

Du spielst mit zwei Würfeln. Du multiplizierst die Augenzahlen jedes Wurfes miteinander. Du musst dich vor dem Spiel für eine Regel entscheiden.
Regel 1: Du bekommst einen Punkt, wenn das Ergebnis gerade ist.
Regel 2: Du bekommst einen Punkt, wenn das Ergebnis ungerade ist.

Für welche Regel entscheidest du dich? Begründe.

Kannst du Daten in Diagramme übertragen?

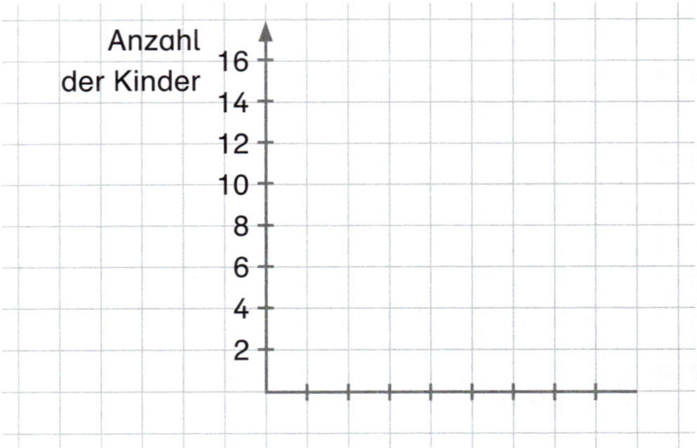

Überlege:

- In welchem Diagramm kannst du die Daten darstellen?
- Kannst du die Daten unverändert übertragen?
- Wenn das nicht geht, dann überlegst du dir eine Einheit, z. B. 1 Karo sind 2 Kinder, wie du die Daten gut eintragen und wieder ablesen kannst.
- Du rechnest die Daten um.
- Du überträgst die Daten in das Diagramm.

Übertrage die Daten in die Diagramme der Trainingskarte.

Pausengetränke

Getränk	Wasser	Milch	Kakao	Apfelsaft
Anzahl der Kinder	𝍸 𝍸	|||	||||	𝍸 ||

Stelle das Ergebnis in einem Streifendiagramm dar.

So kommen die Kinder der 3a zur Schule:

Weg	Fahrrad	Bus	Auto	zu Fuß
Anzahl der Kinder	𝍸 𝍸 ||||	𝍸 |	||	𝍸

Stelle das Ergebnis in einem Säulendiagramm dar.

Testen Bist du fit?

Kannst du Daten aus Diagrammen zuordnen?

Streifendiagramm

Von 28 Schülern haben 6 zwei Geschwister.

Von 28 Schülern haben 12 entweder einen Bruder oder eine Schwester.

Von 28 Schülern haben 2 drei Geschwister.

Von 28 Schülern haben 10 einen Bruder.

Von 28 Schülern haben 10 keine Geschwister.

Die meisten Geschwister sind Mädchen.

Säulendiagramm

Von 26 Schülern haben 12 am liebsten Mathematik.

Davon sind die Hälfte Mädchen.

Von 26 Schülern haben 6 am liebsten Deutsch.

Von 26 Schülern haben 5 am liebsten Sport.

Von 26 Schülern haben 3 Kinder am liebsten Kunst.

Der Rest singt am liebsten.

Überlege:

- Welcher Text gehört zu welchem Schaubild?
- Lies jeden Satz und überprüfe, ob du die Daten im Schaubild wiederfindest.
- Die Aussage ist richtig, wenn du die Daten ablesen kannst.

Schau dir die Diagramme an und unterstreiche die richtigen Aussagen in der Trainingskarte.

Streifendiagramm

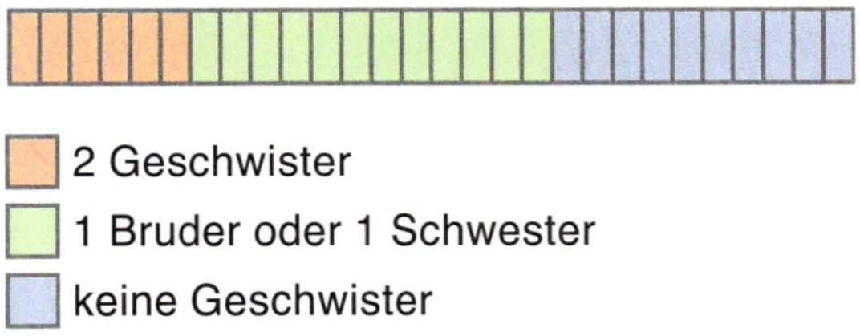

Säulendiagramm

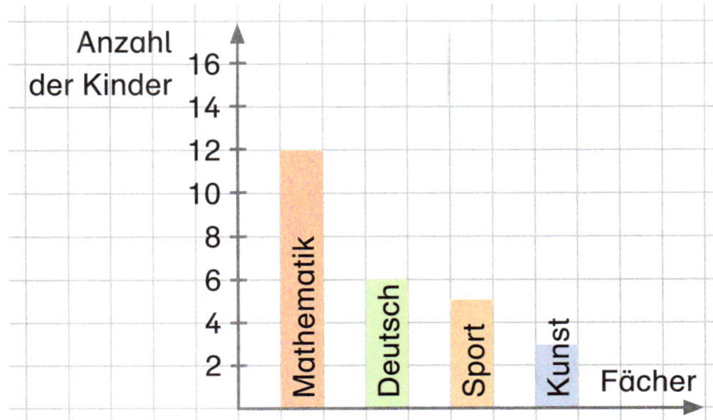

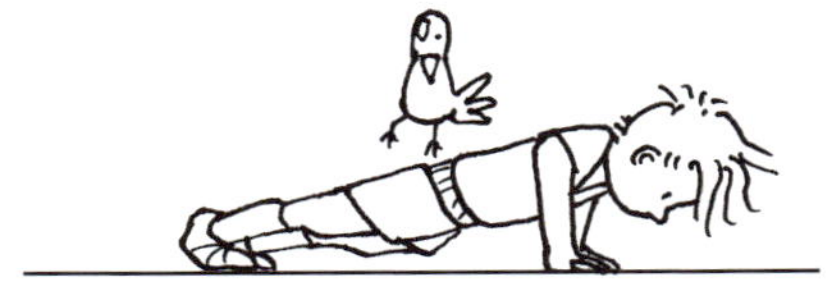

Abschlusstest

Löse zuerst alle Testaufgaben. Schreibe die Nebenrechnungen in dein Heft. Kontrolliere deine Ergebnisse im Lösungsheft.
Male zu jeder Aufgabe nach der Kontrolle die Ampel so an:

 Hier ist alles richtig.

 Ich habe noch einige Fehler gemacht.

 Das übe ich noch einmal.

Aufgabe 1 Zähle weiter. Trage die fehlenden Zahlen ein.

721, 722, ..., ..., ..., ...

........, ..., 437, ..., ..., ...

........, ..., 978, ..., ..., ...

........, ..., 601, ..., ..., ...

siehe Seite 10

Aufgabe 2 Trage die Zahlen in den Zahlenstrahl ein.

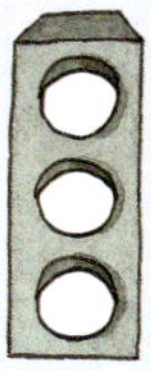

680 770 855 905

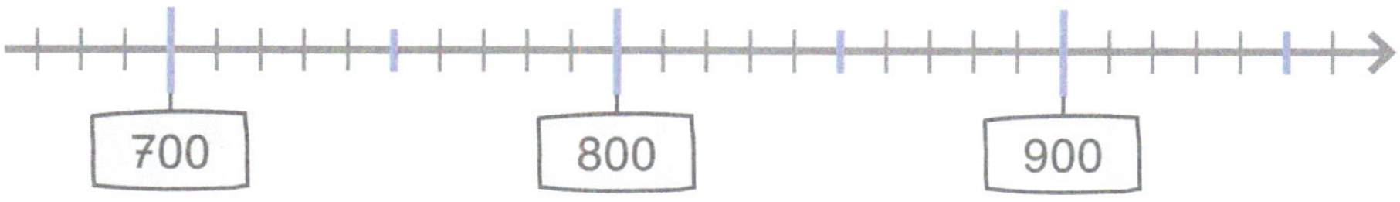

siehe Seite 11

Aufgabe 3 Schreibe alle möglichen 3-stelligen Zahlen auf.
Jede Ziffer darf nur einmal in jeder Zahl vorkommen.

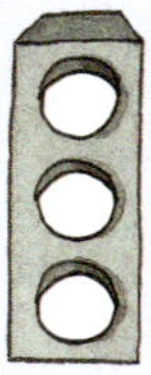

6 4 8 ....

Ordne die Zahlen nach der Größe.

siehe Seite 8

.... < .... < .... < .... < .... < ....

Aufgabe 4 Ergänze.

	3		4
+	2	1	8
		9	

	1	6	
+		8	4
	3		3

	9	2	
−	7		8
		4	7

	6		
−	1	3	5
		5	6

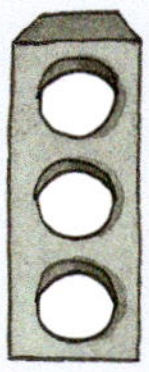

siehe Seite 22, 28

Aufgabe 5 Überprüfe durch Überschlag. Kreuze richtige Ergebnisse an.

62 · 3 = 216 ☐ 72 · 8 = 576 ☐

48 · 4 = 192 ☐ 37 · 5 = 385 ☐

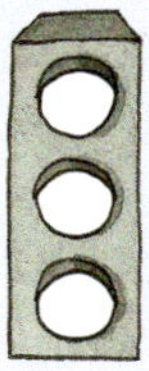

siehe Seite 14, 32

Aufgabe 6 Male Kärtchen mit gleichem Ergebnis mit der gleichen Farbe an.

780 : 10 | 326 : 5 | 6 · 80 | 640 – 562

391 : 6 | 48 · 10 | 752 + 248 | 10 · 100

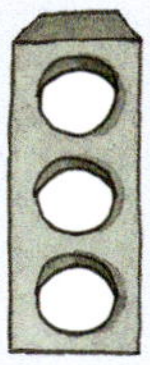

siehe Seite 16, 18, 22, 28, 32, 36, 38

Aufgabe 7 Trage die fehlenden Zahlen ein.

1 000

☐ | 485

☐ | 247 | ☐

☐ | ☐ | ☐ | 97

Trage die passenden Zahlen ein. Eine Zahl bleibt übrig.

☐

☐ | ☐

☐ | ☐ | ☐

445 219 999 552 997 112 333

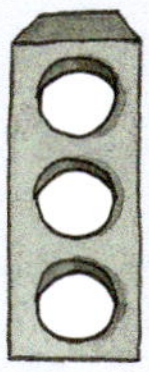

siehe Seite 16, 18, 22, 28

Aufgabe 8 Trage die fehlenden Zahlen ein und schreibe die passende Regel auf.

340, 310, 410, 380, ..., ..., ..., ...

Regel: ....

960, 480, 240, ..., ..., ..., ...

Regel: ....

siehe Seite 64

Aufgabe 9 Die Firma Wagner verschickt an ihre Kunden Briefe.
15 Briefe wiegen 18 g,
23 Briefe wiegen 60 g und
10 Briefe wiegen 870 g.
Was kostet es, diese Briefe zu verschicken?

Briefe	
Gewicht	Porto
bis 20 g	0,55 €
bis 50 g	0,90 €
bis 500 g	1,45 €
bis 1 000 g	2,20 €

Es kostet: ....

siehe Seite 76, 84

Aufgabe 10 Ugur und Florian nehmen an einem Wettrennen teil.
Ugur läuft die 1 000-Meter-Strecke in 4 Minuten 20 Sekunden.
Florian läuft die 800-Meter-Strecke in 3 Minuten und 44 Sekunden.
Wer ist der schnellere Läufer?

siehe Seite 78, 81, 90

Antwort: .... war der schnellere Läufer.

Aufgabe 11 Hannah fährt mit dem Fahrrad zum Tennistraining. Sie fährt um 14.30 Uhr los und ist um 14.50 Uhr dort. Ihre Trainerstunde beginnt um 15 Uhr und dauert 45 Minuten. Sie duscht noch und macht sich 20 Minuten später auf den Heimweg. Wann ist Hannah wieder zu Hause? Löse mit einem Pfeilbild.

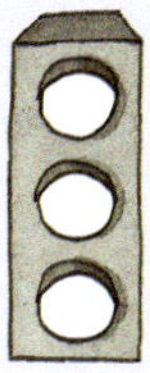

Antwort: ....

siehe Seite 90, 92

Aufgabe 12 Ein Schulbus fährt jeden Tag 38 Schülerinnen und Schüler zur Schule und nachmittags wieder zurück. Eine Wegstrecke ist 23 km lang. Der Bus fährt von Montag bis Freitag. Wie viele Kilometer legt er in 4 Wochen zurück?

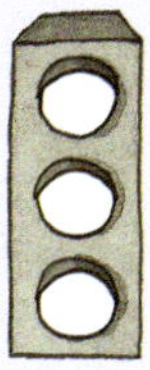

Antwort: Er legt insgesamt .... km zurück.

siehe Seite 36, 78, 81

Aufgabe 13 Zeichne das Spiegelbild.

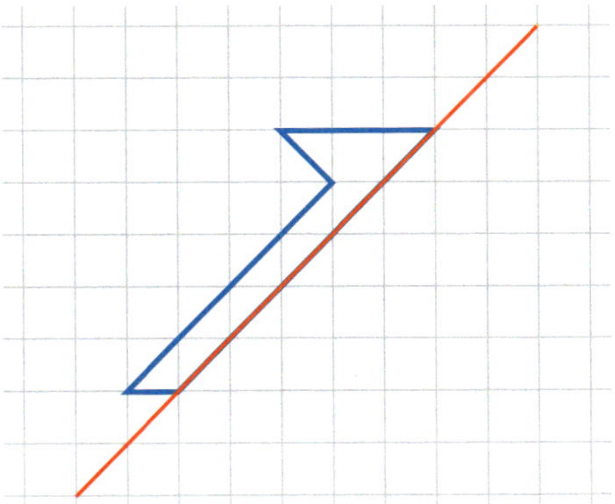

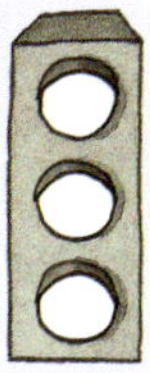

siehe Seite 56

Abschlusstest

Aufgabe 14 Ergänze das Muster.

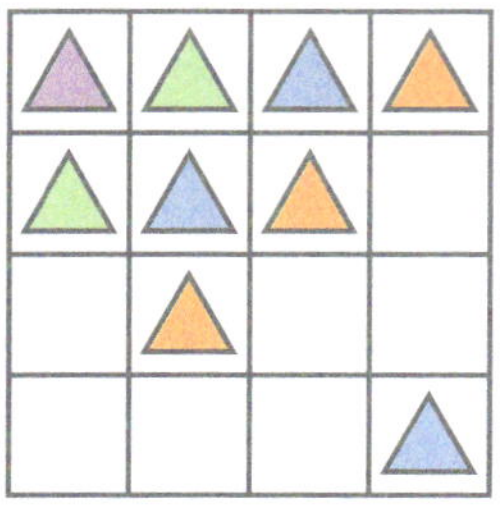

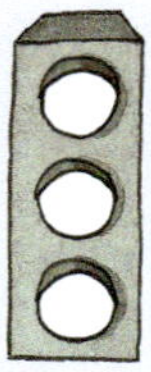

siehe Seite 60

Aufgabe 15 Ein Turnverein kauft neue Bälle. Ergänze das Diagramm und die Tabelle.

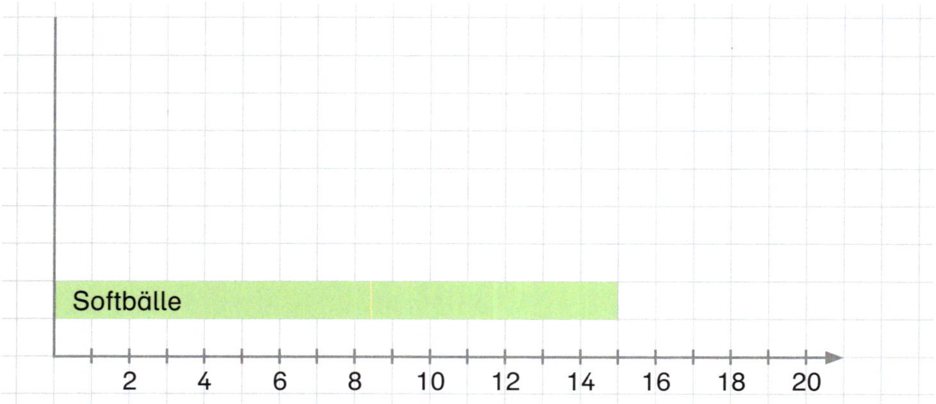

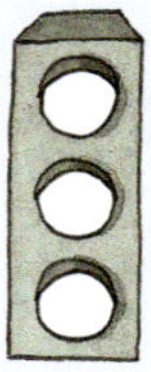

Bälle	Fußbälle	Handbälle	Basketbälle	Softbälle
Anzahl	18	12	8	

siehe Seite 97, 98

Aufgabe 16 Welche Flächen sind gleich groß? Kennzeichne sie.

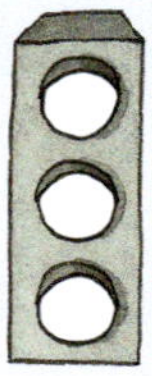

siehe Seite 46